画像処理

画像処理（'24）

装丁デザイン：牧野剛士
本文デザイン：畑中　猛

o-36

まえがき

　画像や映像は幅広い分野で利用されており，これらを有効に活用する技術は，様々な場面で必要とされる。このため，コンピュータ上でデジタル画像を扱うために必要となる，画像変換や空間フィルタリング等の画像処理技術について，実際のプログラム例なども示しながら概説する。また，文字認識等の画像認識がコンピュータ上でどのように行われているかについてもあわせて紹介する。

　第1章「マルチメディア情報処理技術の進展」では，マルチメディア情報処理技術の進展について，①コンピュータ技術の進展，②メディア技術の進展，③情報基盤の整備の3つの観点から述べる。

　第2章「画像の表現」では，色の物理的な性質について述べるとともに，コンピュータ上での色や画像の表現について述べる。画像の保存形式である画像フォーマットについてもあわせて述べる。

　第3章「画像処理プログラミング」では，画像処理を行う上で必要となるプログラミングの知識について述べる。画像を表現するための配列の扱い方や，画像ファイルの読み書き等，簡単な画像処理プログラミングの例を示す。

　第4章「画像の描画」では，マウスを使った画像の描画や，3次元形状の描画方法について，実際のプログラム例なども示しながら述べる。

　第5章「画像の変換」では，デジタル画像処理の例として，色や明るさの変換方法について述べる。ヒストグラムの作成方法や，トーンカーブを用いた画像の処理手法，画像の幾何学変換をどのように行うかについて述べる。

　第6章「空間フィルタリング」では，画像の加工や特徴抽出などに用

4

いられる空間フィルタリングについて述べる。エッジ抽出や画像のぼかし，鮮鋭化等の実現方法について述べる。

第7章「物体検出／2値画像処理」では，物体検出の方法として，テンプレートマッチングについて述べる。また，2値画像処理の例として，ラベリングや輪郭追跡について述べる。

第8章「画像の合成」では，画像の合成に関連する項目として，マスク処理，モーフィング等について述べる。また，レイヤ処理についてあわせて述べる。

第9章「フーリエ変換」では，周波数分析の方法として，フーリエ変換について述べる。あわせて，フーリエ変換を用いた画像処理の例を示す。

第10章「画像検索」では，画像検索を，検索したい画像のイメージを明確に表現できる場合と，明確に表現できない場合に分類し，それらを実現する方法について概説する。また，検索性能の評価方法についてもあわせて述べる。

第11章「映像データの処理」では，映像データの取得や編集方法について述べる。また，映像の変わり目（シーンチェンジ）の検出手法や映像要約の方法についてもあわせて述べる。

第12章「ドラマ映像の処理」では，映像，音声，シナリオ文書といった複数のメディアの処理を統合することによるドラマ映像の構造化や検索について述べる。

第13章「講義映像の処理」では，教育コンテンツの処理の例として，講義映像の構造化や検索について述べる。

第14章「機械学習」では，人工知能を支える技術の1つである機械学習の手法として，k近傍法，線形判別分析，サポートベクトルマシン，ベイズ推定等の手法について述べる。

　第 15 章「ディープラーニング」では，ディープラーニングの基本的な原理について述べる。また，ディープラーニングを用いた画像の処理方法について述べる。

　コンピュータ上で，画像や映像を扱うための仕組みを知るとともに，それらの処理技術について習得できることを期待する。

2024 年 1 月

柳沼　良知

目次

1 | マルチメディア情報処理技術の進展

《**目標＆ポイント**》 マルチメディア情報処理技術の進展について，①コンピュータ技術の進展，②メディア技術の進展，③情報基盤の整備，の3つの観点から述べる。
《**キーワード**》 マルチメディア情報処理，コンピュータ技術，メディア技術，情報基盤

1.1 マルチメディア情報処理技術の進展

　情報処理の文脈では文字や音声，画像，映像といったデータの形式に着目してメディアという言葉が使われる。コンピュータ上で，文字や音声，画像，映像などの様々なメディアを扱うのがマルチメディアということになる。このようなマルチメディアの要素技術としては，画像処理や映像処理，パターン認識，情報圧縮，コンピュータグラフィックスなどを挙げることができる。

　ここでは，このようなマルチメディア情報処理技術の進展について，①コンピュータ技術の進展，②メディア技術の進展，③情報基盤の整備，の3つの観点から述べる。

1.2 コンピュータ技術の進展

　まず，コンピュータ技術の進展について見てみよう。計算する機械の歴史について振り返ると，そろばんのような計算するための道具は，紀

元前から利用されている。

1630 年頃には計算尺と呼ばれる機器が開発された。これは目盛りが対数で付けられた定規のようなものを組み合わせて作られており，それらをスライドさせることで掛け算や割り算を行うことができる。対数をとることで，掛け算を足し算に，割り算を引き算に変換できることを利用している。

1640 年代には，パスカルによって歯車式の加算器が開発され，その後，ライプニッツにより乗除算ができるよう改良が行われた。1830 年代には，バベッジにより，解析機関が構想された。これは蒸気機関によって歯車式の計算機を稼働し，計算を行おうとするものだったが，当時は，実現までには至らなかった。

1940 年代には，MARK I と呼ばれる電気機械式の計算機が開発された。MARK I ではリレーと呼ばれる一種のスイッチが演算を行う上で重要な役割を果たしている。リレーは，電磁石に電流を流すことで，スイッチの金属板を上下させ，電流のオン，オフの制御を行うことができる。

例えば，2 つのスイッチを直列でつなげば，両方のスイッチが入った場合に電流が流れる AND 回路を実現できる。2 つのスイッチを並列でつなげば，一方でもスイッチが入れば電流が流れる OR 回路を実現できる。また，スイッチの金属板が上の場合に電流を流れるようにするか，下の場合に電流を流れるようにするかで NOT 回路を実現できる。これら AND, OR, NOT を組み合わせることで複雑な論理計算を実現することができる。

また，1940 年代に，ABC や ENIAC のような電子式の計算機が開発された。ABC や ENIAC では，スイッチングを行う演算素子として，真空管を利用している。三極管の場合，基本的な構造としては，真空の管の中に陰極と陽極があり，両端に高電圧をかけた状態にする。そのま

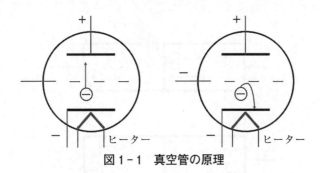

図1-1　真空管の原理

　までは電流は流れないが，陰極を加熱することで電子が飛び出し，陽極
との間に電流が流れるようになる。この時，陰極と陽極の間にもう1つ
網目状の電極を用意し，この電極にマイナスの電圧をかけると，飛び出
した電子が陰極に戻るようになり，陰極と陽極の間に流れる電流のオ
ン，オフを制御することができる（図1-1）。このような真空管を用い
たコンピュータは，第1世代と呼ばれる。
　第2世代のコンピュータは，演算素子としてトランジスタを利用す
る。トランジスタは半導体を利用してスイッチングを実現する。物質
は，電気を流しやすい導体と，電気を流しにくい絶縁体，その間の電気
抵抗を持った半導体に分類できる。半導体の例としては，例えば，シリ
コンがある。シリコンに少量のリンを加えて結晶化した場合，リンは最
外殻にシリコンより1つ多く電子を持っていることから自由に動けるマ
イナスの電荷を持った半導体（ n 型半導体）を作ることができる。ま
た，少量のホウ素を加えて結晶化した場合，ホウ素はシリコンより最外
殻の電子が1つ少ないことから，マイナスの電荷がない状態，仮想的
に，自由に動けるプラスの電荷を持った半導体（ p 型半導体）を作るこ
とができる。
　 n 型半導体と p 型半導体を接合させ， p 型から n 型に向かって電圧を

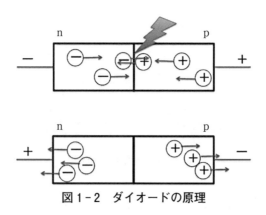

図1-2　ダイオードの原理

　かけると，プラスの電荷がマイナス方向へ，マイナスの電荷がプラス方向に流れ続けることで，電流が流れる（図1-2）。しかし，逆方向に電圧をかけた場合，プラスの電荷はマイナス方向へ，マイナスの電荷はプラスの方向へ流れることで，半導体の接合部分近くに電荷がない状態が生じ，電流が流れなくなる。これが一方向に電流を流すダイオードの原理になる。

　トランジスタは，npn または，pnp のように，半導体を3層に接合したものである。これは，ダイオードの向きを逆にしてつなげたようなもので，両端に電圧をかけても電流は流れない，しかし，中央の電極に適切な電圧をかけると，半導体中の電荷を加速し，また，通常，中央の層は薄く作られているため，結果として，中央の層を超えて電流を流すことができる。このように，中央の電極に電圧をかけるかかけないかで，両端の電極の電流をオン，オフできることから，トランジスタは，スイッチとして利用できる。電極を加熱する必要がないため省電力で小型化できるという利点がある。

　第3世代の演算素子としては，IC が用いられた。IC は，1つの部品

の中にトランジスタを複数組み込んだものである。第 3.5 世代は LSI，第 4 世代は，VLSI が演算素子として利用されるが，これらは，1 つの部品中のトランジスタの集積度が上がったものである。

　CPU の集積度や処理能力については，ムーアの法則と呼ばれる法則がある。これは，およそ 2 年で集積度や処理能力が 2 倍になるという法則である。例えば，2010 年頃に広く用いられた CPU の集積度は，数億個程度であり，計算に利用できる演算素子の集積度や処理速度が上がることで，コンピュータ上で，より複雑な処理をより高速に行えるようになった。

　データの記録に関しては，ハードディスクでは，金属板上に，磁石のNとSの方向で情報を記録する。世界最初のハードディスクドライブは 1956 年に IBM によって作られた。これは直径約 60 cm のディスク 50 枚から構成されており，容量は約 5 MB であった。一方，ハイビジョンの画像を扱うような場合，画像 1 枚で 5 MB 程度になる場合もあり，画像や映像を扱う場合には大容量の記録装置が不可欠になる。ハードディスクの大容量化が進み，今では，小型のパソコンでも，1 TB 程度の容量のハードディスクが珍しいものではなくなっている。

　以上のようなコンピュータの処理能力の向上や，記録媒体の大容量化により，コンピュータ上で多量な情報を高速に処理することが可能となった。

1.3　メディア技術の進展

　次にメディア技術の進展について見てみよう。紀元前 3500 年頃には文字が誕生し，文字は，粘土板，石，パピルスなどに記録されていた。その後，文字は紙に記録されるようになったが，文字は，1 文字 1 文字手書きされていた。15 世紀中頃には，グーテンベルグにより活版印刷

技術が開発され，文字を大量に複製することが容易になった。

　画像の記録に関しては，文字より古い2万年程度前から行われており，フランスのラスコー洞窟や，スペインのアルタミラ洞窟などで，馬や牛といった動物の絵や，人間の手形などが残されている。これらの情報は，当時の生活や文化を知る上で貴重な情報源の1つとなっている。

　19世紀に入ると写真が開発された。初期の写真は，硝酸銀など，光に当たることで黒く変色する化学物質を使って，画像の記録が行われた。1825年頃にニエプスによって撮影された写真は，馬を引く男の版画を撮影したもので，現存する最も古い写真といわれている。カラー写真は，赤，緑，青のそれぞれの光に反応する感光乳剤を組み合わせて実現される。

　1970年頃には，CCDが開発され，光の強弱を電気信号へと変換することができるようになった。n型半導体とp型半導体を接合すると，一方向に電流が流れるダイオードを作ることができるが，ダイオードに順方向の電圧をかけた場合，プラスの電荷はn型半導体の方に，マイナスの電荷はp型半導体の方に流れ，接合部近くでは，プラスとマイナスの電荷が結びつくことが起こる。そして，この時，エネルギーの一部が光として放出される。これがLED（発光ダイオード）の発光原理になる。逆の反応として，接合部近くに光が当たった場合は，電荷が生じるが，これがフォトダイオードの原理になる。CCDでは，この電荷を転送して電気信号へと変換することで，光の強弱を読み取ることができる。

　CCDを用いることで，フィルムを使わないデジタルカメラが実現された。初期のデジタルカメラは，画素数が少なく，画質は，フィルムの写真に及ばなかった。しかし，CCDの画素数が上がるにつれて画質が向上し，現在では，ほとんどのカメラはデジタル式のものになっている。

　1980年代には，CCDを用いたビデオカメラが実用化された。映像

データは初期の頃には，磁気テープにアナログ形式で記録されていた。その後，映像データは，デジタル形式で，直接ハードディスクやメモリカードに記録されるようになった。

　このように画像や映像がデジタル化されることで，コンピュータ上で画像や映像を扱うことができるようになった。

1.4　情報基盤の整備

　次に情報基盤の整備として，主にコンピュータネットワークの発展について述べる。コンピュータの利用形態を振り返ると，初期のコンピュータでは，バッチ処理と呼ばれる形態でコンピュータが利用されていた。バッチ処理は，用意したデータやプログラムを順次コンピュータに処理させるもので，コンピュータは，1つのプログラムの処理に占有される。

　一方，1台のコンピュータを対話的に，複数のユーザで利用したい場合もある。このように1台のコンピュータを複数のユーザで利用するための仕組みとして，タイムシェアリングがある。タイムシェアリングでは，CPUの処理時間を，短い時間で分割し，それぞれのユーザやプログラムに割り当てる。実際には，コンピュータは，同時に1つの処理しか行っていないが，ユーザ側から見ると，あたかも複数のユーザが同時に1台のコンピュータを利用しているように見える。タイムシェアリングは，コンピュータと通信の結びつきの始まりということもできる。

　その後，分散処理という利用形態で，コンピュータが利用されるようになった。これは，1台の大型コンピュータで一括で行っていた処理を，複数のより小型のコンピュータで分散して処理を行う形態であり，それぞれのコンピュータは，ネットワーク上で結合され連携して処理を行う。

　ネットワークコンピューティングでは，よりフラットに規模や性能など が異なる様々なコンピュータが接続され，ネットワーク化される。これにより，これまで単独のコンピュータで扱われていた情報を，幅広いコンピュータで利用できるようになる。

　1969 年には，アメリカの国防総省の高等研究計画局により，研究と調査を目的としたコンピュータネットワーク ARPANET が設けられた。ARPANET では，カリフォルニア大学ロサンゼルス校，カリフォルニア大学サンタバーバラ校，ユタ大学，スタンフォード研究所の 4 つの機関がネットワーク接続された。日本においても，1984 年には，慶應義塾大学，東京工業大学，東京大学を接続した JUNET が誕生した。1988 年には，WIDE プロジェクトが発足し，コンピュータネットワークの整備・普及が進んでいった。

　コンピュータネットワークの整備は各国で進められたが，世界規模で構築されたコンピュータネットワークがインターネットということになる。インターネット接続には，当初は，電話回線などが利用されていたが，電話回線は一度に多量のデータを流すことが難しかったことから，その後，より高速な光ファイバーの敷設が進められていった。1990 年代初頭，アメリカでは，クリントン大統領とゴア副大統領により，情報スーパーハイウェイ構想が発表されたが，これは 2015 年までに，光ファイバーを用いて高速なネットワークを整備し，すべての家庭，企業，学校，病院等を結ぶというものであった。日本においても，e-Japan 戦略，e-Japan 戦略 II，i-Japan 戦略 2015 等の政策が掲げられ，インターネットの普及や利活用は進んでいった。

　インターネット上では様々なサービスを利用することができる。インターネット上のサービスで最も利用されているものの 1 つとして World Wide Web がある。これはインターネット上で文書等の情報を共

有するための仕組みであり，1989 年にヨーロッパの原子核研究機関である CERN で開発された。閲覧には，Web ブラウザと呼ばれるソフトウェアが必要になる。Web ブラウザとしては，例えば，Microsoft Edge，Safari，Google Chrome，Firefox などがある。当初は表示できるのは文字だけだったが，その後，画像や映像のような様々なデータを表示することができるようになった。

　Web 上の情報は，HTML（HyperText Markup Language）と呼ばれる言語によって記述される。これは表示したい文章に，タグと呼ばれる付加情報を追加することで，文書の構造やレイアウトなどを記述する。作成した HTML ファイルは，Web サーバと呼ばれる配信用のサーバ上に載せることで，世界中にその情報を公開することができる。Web 上の情報の所在は，URL（Uniform Resource Locator）と呼ばれる文字列によって指定することができる。

　今では，画像の検索機能や動画配信サービスなどにより，インターネット上で多量の画像や映像などのデータを容易に利用できるようになっている。このような多量の画像や映像のデータは，コンピュータが，画像の処理や認識を学習する際の学習データとして利用することができる。

学習課題

　10 年前や 20 年前のパソコンと，現在のパソコンの性能（CPU の集積度，動作クロック，表示可能な色数，ディスク容量，価格等）を比較してみよう。

2 | 画像の表現

《**目標＆ポイント**》　色の物理的な性質について述べるとともに，コンピュータ上での色や画像の表現について述べる。画像の保存形式である画像フォーマットについてもあわせて述べる。
《**キーワード**》　色の表現，画像の表現，画像フォーマット

2.1　色の表現

　電磁波の中で波長が 780 nm から 380 nm の範囲の電磁波は目で知覚することができる。これが可視光であり，波長が長い方から赤，橙，黄，緑，青，藍，紫に対応する。赤より波長が長い電磁波としては，赤外線，マイクロ波，電波がある。紫より波長が短い電磁波としては，紫外線，X線，ガンマ線がある。

　人が物を見る場合，レンズの働きをする水晶体によって光が網膜上に集められる。網膜上には，明るさを感じるための杆体（棹体）と色を感じるための錐体と呼ばれるセンサーが存在する。杆体は色を区別できないものの，錐体よりも弱い光をとらえることができる。錐体には赤い光に反応する錐体，緑の光に反応する錐体，青い光に反応する錐体の3つがある。人は，この3つの錐体からの信号の大小により色を感じる。このため，3つの錐体からの出力が同じであれば同じ色と感じる。

　逆に，色を合成しようとする場合，赤，緑，青の光を組み合わせることで人が感じる任意の色を作り出すことができる。これが光の3原色で

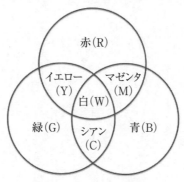

図 2 - 1　光の 3 原色

ある（図 2 - 1）。赤と緑を足し合わせることでイエロー（黄色），緑と
青を足し合わせることでシアン，青と赤を足し合わせることでマゼンタ
を作り出すことができる。赤と緑と青を足し合わせることで白を作り出
すことができる。また，黄色と青を足すと白を作り出すことができる
が，これは，黄色 + 青 = 赤 + 緑 + 青 = 白となるためである。黄色と青の
ように，2 つの色を合わせることで白を作り出せる色は互いに補色の関
係になる。例えば，赤はシアン，緑はマゼンタの補色になる。光の 3 原
色は，色を重ねれば重ねるほど明るくなるため，このような混色は加法
混色と呼ばれる。

　印刷の場合は，白色光から色の成分を取り除くことで色を作り出して
いる。通常，印刷用のインクとしては，シアン，マゼンタ，イエローの
3 色が用いられ，これらは色の 3 原色と呼ばれる（図 2 - 2）。シアンの
インクは，白色光から赤の色成分を吸収するインクである。白色光から
赤の色成分を吸収するため，赤の補色のシアンに見える。同様に，マゼ
ンタのインクは緑の補色であり，緑の色成分を吸収する。また，イエロ
ーのインクは青の補色であり，青の色成分を吸収する。

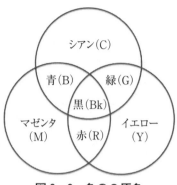

図2-2　色の3原色

　シアンとマゼンタとイエローのインクを混ぜ合わせることで，すべて
の光を吸収する黒を作ることができる。ただし，実際には，正確には黒
にならない場合も多いため，プリンタでは，通常，シアン，マゼンタ，
イエロー，ブラックの4色が印刷用のインクとして利用される。印刷用
のインクの場合，色を重ねれば重ねるほど暗くなるため，このような混
色は減法混色と呼ばれる。

　コンピュータ上で色を表す場合，通常，赤（R），緑（G），青（B）
の強度をそれぞれ1バイト（0から255の256段階）で表す。このた
め，1つの色を表現するためには3バイトのデータが必要となる。フル
カラーのコンピュータでは，この3バイトで表現できる約1600万（＝
256×256×256）色の色を表現することができる。

　具体的な色の表現は，例えば，赤は，(255,0,0)，緑は，(0,255,0)，
青は，(0,0,255) と表現することができる。黄色は，(255,255,0)，シ
アンは，(0,255,255)，マゼンタは，(255,0,255) と表現することがで
きる。また，白は，(255,255,255)，黒は，(0,0,0)，灰色は，(128,
128,128) のように表現することができる。

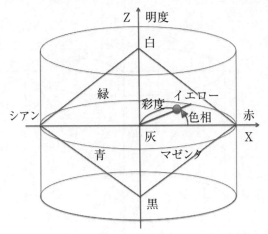

図 2 - 3　色相／明度／彩度（マンセル表色系）

　目では，色を赤，緑，青の強度として知覚する。しかし，人が実際に色を感じる場合は，赤，緑，青の強度としてではなく，色相，明度，彩度として色を感じる。図 2 - 3 のように色を円筒形の空間で表現した場合，明るさを表す明度は Z 軸に対応し，Z 軸の上に行くほど明るい色に対応し，下に行くほど暗い色に対応する。色相は赤っぽいか青っぽいかといった色合いを表すもので，角度で表される。X 軸との角度が大きくなるにつれて，赤，イエロー，緑，シアン，青，マゼンタと変化する。彩度は色の鮮やかさを表し，Z 軸からの距離で表される。Z 軸からの距離が大きくなるほど色が鮮やかになる。例えば，純粋な赤，緑，青は，円筒の軸から最も遠いところに並ぶ。逆に，円筒の中心には下から黒，灰色，白といった無彩色が並ぶ。

　RGB から色相，明度，彩度への変換は，人間の感覚と関係するため，数式により再現することは必ずしも容易ではない。このため，変換の容易さを優先した方法や，変換の正確さを優先する方法など，様々な変換

22

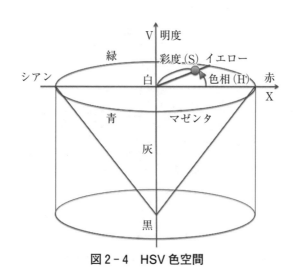

図2-4　HSV色空間

方法が提案されている。例えば，HSVは，コンピュータ上で簡易に色相，明度，彩度を計算するための方法である。Hが色相，Sが彩度，Vが明度に対応する。HSV色空間は，図2-4に示すように円錐の形で色を配置する。

　RGBからHSVへの変換式は，以下のようになる。ここで，MAXは，RGBの最大値，MINは，RGBの最小値である。色相Hは角度であり，0から359の値をとる。

　H=(G−B)/(MAX−MIN)*60　　　　　（MAX=Rの場合）
　H=(B−R)/(MAX−MIN)*60 + 120　　（MAX=Gの場合）
　H=(R−G)/(MAX−MIN)*60 + 240　　（MAX=Bの場合）
　S=(MAX−MIN)/MAX*100
　V=MAX/255*100

　また，色の変換方式として，国際照明委員会により提案されたL*a*b*

や L*u*v* といった変換方式を利用することもできる。これらは，より複雑な変換式を用いることで，より人間の感覚に近い色相，明度，彩度への変換を実現することができる。

2.2　画像の表現

　画像は，色を表す点を横W，縦Hだけ並べたものである。画像を構成する最小単位は，画素（ピクセル）と呼ばれる。コンピュータ上の色は，通常，RGB 各 1 バイト，RGB 全体で 3 バイトのデータとして表現されることから，例えば，フルハイビジョン（1920 × 1080）の画像を非圧縮で保存した場合，1920 × 1080 × 3 バイト=約 6 MB となる。

　画像のデータ量は大きくなることから，画像を保存する際には，しばしば，データ量を小さくするための圧縮と呼ばれる処理が行われる。例えば，図 2−5 の白黒画像の場合，白を 0，黒を 1 として，左上から並べると，

0000 0001 1111 1000 0011

のように表現できる。この場合，データ量は 20 ビットとなる。

　一方，このデータは，白と黒の数（ラン長）を交互に書くことで，

図 2−5　白黒画像の例

7，6，5，2

のように表現することもできる。このような圧縮を行う場合，もとのデータを完全に復元できるが，もとのデータを完全に復元できる圧縮は，可逆圧縮と呼ばれる。

　実際には，7，6，5，2を0と1の並びに変換する必要がある。以下，その方法の1つを示す。

　まず，7，6，5，2から1を引く。これは，白黒の長さの最小値が1であるので，これを0にするためである。この結果は，6，5，4，1となる。

　次に，6，5，4，1の数値を2進数にして，01の並びに変換する。6は110，5は101，4は100となる。ただし，1の場合，1ではなく，01とする。また，0の場合は，00とする。

　ここで，単純にこれらの01を並べただけでは，どこまでが1つの数値に対応するか分からない。そこで，これらの01の並びの前に，それぞれの桁数を表す01の並びを挿入する。すなわち，2桁の場合は0，3桁の場合は10，4桁の場合は110，5桁の場合は1110のような01の並びを挿入する。

　具体的には，6を表す110は3桁なので，その前に10を挿入する。5を表す101は3桁なので，その前に10を挿入する。4を表す100は3桁なので，その前に10を挿入する。1を表す01は2桁なので，その前に0を挿入する。

　これらの01を並べると，最終的に，

10110 10101 10100 001

のように画像を表現することができる。

　この画像の場合は，20ビットのデータを18ビットに削減することができた。一般には，白や黒が長く連続する場合は，圧縮率が高くなる。

　データ圧縮の別の方法として，画像の色数を減らすことで，画像のデータ量を削減する方法がある。フルカラー（約 1600 万色）の画像の色数を 256 色に減らした場合，もともと 1 画素あたり 3 バイトで色を表現していたものを 1 バイトの色番号で色を表現できるようになる。それぞれの色番号に対応する RGB の値は，別途，保存する必要はあるが，画像が大きくなればこの部分のデータ量は相対的に小さくなり，画像のデータ量をほぼ 1 / 3 に圧縮することができる。しかし，色数を減らす場合，本来，存在していなかった輪郭（擬似輪郭）が出る場合もある。色数を減らす場合のように，圧縮により，もとの画像を完全に再現できない圧縮は，非可逆圧縮と呼ばれる。

　画像には，様々な圧縮方式があり，また OS やアプリケーションによっても様々な画像の保存形式（フォーマット）がある。

　GIF は 256 色以下の画像の保存に利用される。1 バイトの色番号と，それぞれの色番号に対応する RGB の値などからデータが構成されている。色番号に関しては，さらに LZW と呼ばれる圧縮方式によりデータの圧縮が行われる。

　PNG は，可逆圧縮のフォーマットであり，もとのデータを完全に復元することができる。しかし，一般に，圧縮率は非可逆圧縮のフォーマットほどは高くない。

　JPEG は，通常，もとの画像を多少変えても，データ量を小さくすることを目指し，非可逆の圧縮が行われる。JPEG では，主に，画像の細かな構造の情報を落とすことで画像の圧縮が行われる。

　画像フォーマットの使い分けについては，例えば Web ページ上に文字を画像化して貼り付けるような場合，通常，文字の色数は，256 色以下であることが多いため，GIF などのフォーマットが利用される。もし，文字のような，特に輪郭がシャープな画像を JPEG で保存すると，

輪郭近くに，もやもやとしたノイズが乗る場合がある。このようなノイズはモスキートノイズと呼ばれる。一方，自然の風景を撮影したフルカラーの画像を保存するような場合，GIF 形式で保存すると色数を 256 色に落とす際に擬似輪郭が生じる場合があることから，通常は，JPEG などのフォーマットが利用される。

　画像を画素の集合として表現したデータはラスタデータと呼ばれるが，画像の表現形式として，ベクトルデータ（ベクタデータ）と呼ばれる形式もある。ベクトルデータでは，図形は特徴的な点とそれらを結ぶ線で表現される。このため，拡大や，変形をしても図形の滑らかさが保たれるという特徴がある。

2.3　画像処理ソフトウェア

　コンピュータ上で画像処理を行う場合，例えば，GIMP のようなソフトウェアを利用することができる。GIMP は，オープンソースの画像処理ソフトウェアで，Windows や，macOS，Linux など，多くの OS で動作する。

　図 2-6 は，GIMP の画面の例である。「ファイル」メニューで，「新しい画像」を選ぶと，画像の大きさを指定して，新しい画像を作成することができる。

　左側には，範囲を選択したり，描画等の処理を行うためのアイコンが並んでいる。右側のウィンドウは，画像を重ね合わせて操作するレイヤ操作などを行う場合に利用する。

　GIMP の場合，色の指定は，左側の正方形が 2 つ重なったアイコンで行う。左上の正方形が描画色，右下の正方形が背景色に対応する。描画色の正方形をクリックすると，図 2-7 のような色選択のウィンドウが現れる。0..255 と書いてある部分をクリックすると，RGB の値をそれ

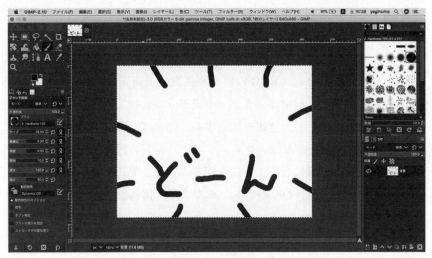

図2-6 GIMP

図2-7 色の選択

それ 0 から 255 の範囲で指定することができる。例えば，Rの値を
255，GとBの値を0にすると，赤になる。また，RとGの値を 255，
Bの値を0にすると，黄色になる。

　ただし，このように，RGB の値を直接数値で指定するのは直感的で
はない。このため，通常は，まず，中央部分の虹の7色が表示されてい
る部分をクリックして，色相を指定する。例えば，青っぽい色を選びた
い場合は青の部分をクリックする。すると，左側の部分に，下側が黒，
左上が白，右上が青になるように色が並ぶ。ここで，自分が選びたい色
の部分をクリックし，OK のボタンを押すと，描画色を選択することが
できる。

　描画をする際には，左上の「ブラシ」の形のアイコンをクリックし，
中央の白いキャンバス上でマウスをドラッグすることで，描画色で描画
を行うことができる。これは，マウスを動かした部分に沿って，描画色
を表示しているということになる。ブラシの形状については，右上のウ
ィンドウで指定することができる。また，ブラシの太さ等のパラメータ
については，左下のウィンドウで指定することができる。

学習課題

　GIMP をインストールして，描画を行ってみよう。

3 | 画像処理プログラミング

《**目標＆ポイント**》 画像処理を行う上で必要となるプログラミングの知識について述べる。画像を表現するための配列の扱い方や，画像ファイルの読み書き等，簡単な画像処理プログラミングの例を示す。
《**キーワード**》 画像処理プログラミング，配列，画像ファイル

....

3.1 プログラミング

　コンピュータは，大きく分けて，ハードウェアとソフトウェアからなる。ハードウェアは，いわゆる機械部分であり，ソフトウェアは，ハードウェアに対して，どのように動作すればよいかの命令を記述したものである。このような命令を書き換えることで，同じハードウェアでも，様々な用途に利用できるようになる。

　ソフトウェアは，大きく分けると，OS（基本ソフト）と，アプリケーションソフトに分類することができる。OSとは，キーボード入力や画面表示，ディスクやメモリの管理など，ハードウェアの違いを吸収し，アプリケーションソフトに対して，共通のインタフェースを提供するソフトウェアである。OS上で動作する，ワープロソフト，メールソフト，Webブラウザ，画像処理ソフト，映像編集ソフトなどは，アプリケーションソフトと呼ばれる。

　OSには，UNIX，Windows，macOSなどがある。UNIXは，AT&Tベル研究所で開発されたOSであり，複数の人間が複数の処理を実行さ

せることができるマルチユーザ，マルチタスクの OS として開発された。UNIX のインタフェースは，CUI（Character-based User Interface）が基本になっており，主に，コマンドを入力することでコンピュータの操作を行う。Windows は，パソコン上で広く利用されている OS であり，インタフェースとしては，グラフィカルユーザインタフェース（GUI）が基本になる。macOS は，Windows と同様に GUI が基本であり，OS の基本部分は UNIX をベースとしていることから，UNIX のソフトウェアで macOS に移植されているものも多い。

　ここで，ソフトウェアの開発について考えてみよう。ある特定の目的を達成するための処理手順はアルゴリズムと呼ばれる。そのアルゴリズムを，プログラミング言語を用いて具体的に記述したものはプログラムと呼ばれる。ソフトウェアは，コンピュータ上で何らかの処理を行うプログラムで，ハードウェアに対比して使われる。

　プログラムを記述するためのプログラミング言語には，様々なものがある。機械語（マシン語）は，コンピュータが理解できる，0 と 1 の並びによって，プログラムを記述する。例えば，10110000 が，計算結果を一時的に保持するのに用いられる AL レジスタに値を格納する命令だとすると，10110000 00000001 で，AL レジスタに 1 を格納するという命令になる。機械語の場合，コンピュータがプログラムを直接理解でき，処理を高速に行えるという利点がある。しかしながら，0 と 1 の並びでプログラミングを行うことは，人にとっては理解が難しく，負担がかかるという問題がある。また，計算を行う CPU によって命令が異なったり，コンピュータの動作の仕組みを理解しないとプログラムを書けないという問題がある。

　アセンブリ言語では，機械語と 1 対 1 に対応した命令によってプログラムを記述する。例えば，機械語の AL レジスタに 1 を格納するという

命令（10110000 00000001）は，アセンブリ言語で記述すれば，
MOV AL, 1H
と書くことができる。MOV AL は，10110000 に対応し，AL レジスタ
に値を格納する命令である。1H は，00000001 で，格納する値を表して
いる。0と1の並びによってプログラムを書く機械語に比べて，MOV
AL は，AL レジスタに値を移す（MOVE）という意味がより分かりや
すくなっている。このような，アセンブリ言語で記述されたプログラム
は，機械語に変換されて，コンピュータ上で動作する。このアセンブリ
言語から機械語への変換は，アセンブルと呼ばれ，アセンブルを行うソ
フトウェアは，アセンブラと呼ばれる。機械語と同様に，アセンブリ言
語でプログラミングを行うには，コンピュータの動作原理に関する知識
が必要になる。

　プログラミング言語のうち，コンピュータが直接理解，実行できる機
械語や，機械語に近いアセンブリ言語のような言語は，低級言語と呼ば
れる。低級とは，ハードウェアに近いという意味で用いられる。これに
対して，より人間の言葉に近い形で命令を記述できる言語は，高級言語
と呼ばれる。高級言語としては，FORTRAN, BASIC, C, Java, Python
といった言語がある。

　FORTRAN は，ジョン・バッカスによって開発された最初の高級言
語であり，主に，数値計算用の言語として利用される。一般に，高級言
語で記述したプログラムは，そのままでは，コンピュータは理解するこ
とができないため，コンピュータ上で実行するには，プログラムを機械
語に変換する必要がある。このような変換処理は，コンパイルと呼ば
れ，コンパイルを行うソフトウェアはコンパイラと呼ばれる。また，コ
ンパイルを行う前のプログラムは，ソースコードと呼ばれる。

　BASIC は，初心者向けのプログラミング言語として開発された。

BASIC の処理系では，プログラムを 1 行ごとに実行形式に変換しながら実行するインタプリタ型の処理系も多い。このようなインタプリタ型の処理系は，コンパイラ型に比べて，一般に実行速度は遅くなる。

C は，UNIX で標準的に利用されるプログラミング言語であり，ハードウェア寄りの低水準な処理を記述することもできる。C から派生した言語としては，C ++や Objective-C などがある。

Java は，一度プログラムを書けば，どこでも動くことを目指して開発されたプログラミング言語であり，Windows，macOS，UNIX など様々なプラットフォームで動作する。

Python は，比較的新しいインタプリタ型のプログラミング言語である。Python は，インデントによってプログラムの意味が変わるという特徴があり，これにより同じ処理を書く場合，おおむね同じようなプログラムの構造になるようになっている。人工知能のプログラムでしばしば利用されることから，注目を集めているプログラミング言語の 1 つとして挙げられる。

大規模なプログラムを，効率よく開発するための枠組みとして，構造化プログラミングがある。構造化プログラミングでは，プログラムをより小さなまとまり（関数やサブルーチンと呼ばれる）に分割し，標準的な制御構造を使って，処理を記述する。基本的な制御構造としては，処理が順番に実行される「順次」，条件によって分岐する「選択」，処理を繰り返す「反復」の 3 つがある。このような構造化プログラミングによって，プログラムの構造が理解しやすくなり，短いプログラムの総和としてプログラムを開発できることから，開発の際のミスを少なくすることができる。

構造化プログラミングと同様に，プログラムを部品化し，処理を記述していく枠組みとしてオブジェクト指向がある。構造化プログラミング

では，処理を部品化するが，オブジェクト指向では，データと処理を一体化して部品化したオブジェクトをもとにしてプログラミングを行う。C言語をもとに，オブジェクト指向を取り入れた言語が，C++やObjective-Cであり，JavaやPythonもオブジェクト指向を取り入れた言語である。

　プログラムを開発する環境のうち，プログラムを編集するためのエディタや，プログラムを機械語に変換するコンパイラ，プログラムの不具合（バグ）の修正を行うデバッガなどを統合したものは，統合開発環境（IDE：Integrated Development Environment）と呼ばれる。統合開発環境としては，例えば，Windows用のプログラムを開発するためのVisual Studio，Mac用のプログラムを開発するためのXcode，Java等のプログラムを開発するためのNetBeansなどがある。Pythonの統合開発環境としては，IDLEなどが利用できる。

3.2　画像処理プログラミング

　画像は，横W，縦Hの画素の並びによって構成されるため，プログラムで扱う場合，配列として扱われる場合が多い。配列を使うことで，複数の変数を1まとまりとして扱うことができる。

　例えば，Pythonのnumpyライブラリを用いて1次元配列を宣言する場合，numpyライブラリをインストールした上で，プログラムの頭に，

import numpy as np

のように書き，numpyライブラリの読み込みを行う。そして，

A=np.zeros(4, dtype = "int")

のように宣言すると，

Aという名前の，4個のint型の変数をまとめて宣言することができる

（図3-1(a)）。A[0]が最初の要素であり，A[3]までの4個の変数が，初期値として0を代入した形で用意される。

A[2]＝5とすれば，（0番目から始めて）2番目の変数に5が代入される。データの型については，int型は整数を扱う場合に用いる。途中の計算で小数を扱いたい場合などは，float型などを用いる。画像の場合は，RGB値など，0から255の値をしばしば利用するため，符号なし1バイトを表現できるuint8型がしばしば用いられる。

　画像の場合は2次元のデータであるため，2次元配列で扱うことになる。uint8型の2次元配列を宣言する場合は，

B=np.zeros((3,4),dtype = "uint8")

のように宣言する。(3,4)の部分は，y方向の画素数，x方向の画素数となる。この時，図3-1(b)のような高さ3画素，幅4画素の2次元配列が作られる。B[0][0]は画像の左上点になる。B[2][3]とすれば，y

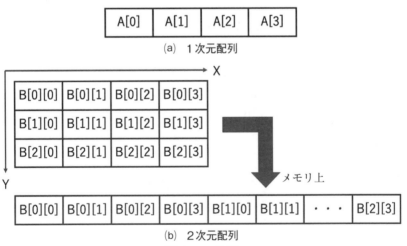

(a)　1次元配列

(b)　2次元配列

図3-1　配列

座標が2，x座標が3でのBの値を取り出すことができる。図3-1
(b) に示すように，画像処理の場合，通常，y軸は下向きとする。ま
た，配列の添字は，通常，y，x の順となる。このようにした場合，
TV の走査線の順に従って，画素値がメモリ上に並ぶことになる。

　カラー画像の場合は，RGB の3つの値が必要となるため，赤（R），
緑（G），青（B）の3つの配列を用意することになる。例えば，

```
R=np.zeros((256,256), dtype="uint8")
G=np.zeros((256,256), dtype="uint8")
B=np.zeros((256,256), dtype="uint8")
```

として，256 × 256 画素の RGB の配列を用意する。

　ここで，

```
for y in range(256):
  for x in range(256):
    R[y][x]=x
    G[y][x]=x
    B[y][x]=x
```

とした場合，どのような画像になるだろうか。

```
for y in range(256):
```

は，y 座標の値を0から255まで変える。同様に，

```
for x in range(256):
```

は，x 座標の値を0から255まで変える。

　この時，RGB の値はすべて同じ x であるため，これは，無彩色の画
像になる。RGB の値は，y 座標によらず，x 座標が大きくなるほど大
きくなる。すなわち，x 座標が大きくなるにつれて明るくなる。そし
て，x 座標が0の場合は黒，x 座標が255の場合には白になる。

　このように考えると，この画像は，図3-2のように，左から右に，

図3-2　画像の作成

黒から白に変わっていく画像になることが分かる。

　では，もう少し複雑な場合を考えてみよう。

for y in range(256)：

　for x in range(256)：

　　R[y][x]=(255-x)*(255-y)/255

　　G[y][x]=(255-x)*(255-y)/255

　　B[y][x]=255*(255-y)/255

とした場合，どのような画像になるだろうか。このような場合，四隅が何色になるか考えると分かりやすいだろう。x,yが0と255の場合を考えると，この画像は，左下と右下が黒，左上が白，右上が青になることが分かる。

　では，このようにして作成した画像データをファイルに保存することを考えよう。画像のフォーマットには様々なものがあるが，ここでは，最も簡単なフォーマットの1つであるPPM形式の画像を作成するもの

```
P3
2 2
255
255 0 0
0 255 0
0 0 255
255 255 0
```
図 3 - 3　PPM 画像データの例

とする。PPM 形式の画像は，01 のビットの並びであるバイナリ形式で
記述することもできるが，文字の並びであるアスキー形式で記述するこ
ともできる。

　例えば，横 2 画素，縦 2 画素で，左上から，赤，緑，青，黄と並んだ
画像を作成するとする。アスキー形式の PPM 画像を作成するには，ま
ず，テキストエディタを立ち上げ，最初の行に"P3"と書く。"P3"は，ア
スキー形式の PPM 画像であることを表す。次の行には，"2 2"と書く。
これは，横の画素数と縦の画素数を空白で区切ったものである。次の行
には，量子化レベルの最大値を書く。通常，RGB の値は，1 バイトの
データ，すなわち，0 から 255 の値で記述する。この場合，量子化レベ
ルの最大値は 255 となるので，"255"と書く。次の行からは，左上からの
色を記述していく。1 つ目の画素は，赤なので，"255 0 0"と書く。次の
行は緑なので，"0 255 0"と書く。次の行は 青なので，"0 0 255"と書く。
次の行は黄なので，"255 255 0"と書く。このファイルをテキスト形式で
保存し，拡張子を ppm とすれば，PPM 形式の画像を作成できる（図 3
- 3）。

　PPM 画像を書き出すプログラムは，例えば，以下のようになる。

プログラム 3-1 PPM 画像の書き出し

```
import numpy as np
R=np.zeros((256,256), dtype="uint8")
G=np.zeros((256,256), dtype="uint8")
B=np.zeros((256,256), dtype="uint8")

for y in range(256):
    for x in range(256):
        R[y][x]=(255-x)*(255-y)/255
        G[y][x]=(255-x)*(255-y)/255
        B[y][x]=255*(255-y)/255

f =open("myimage.ppm", "w")
f.write("P3\n")
f.write("256 256\n")
f.write("255\n")
for y in range(256):
    for x in range(256):
        f.write(str(R[y][x])+" "+ str(G[y][x])+" "+ str(B[y][x])+"\n")
f.close()
#####
```

　このプログラムでは，
f=open("myimage.ppm", "w")
により，myimage.ppm という名前のファイルを書き込み可能な形式で
開いている。
f.write("P3\n")は，PPM 画像の頭の P3 を書き込む。

f.write("256 256\n")は，画像の幅と高さを書き込む。

f.write("255\n")は，量子化レベルの最大値を書き込む。

それ以降は，RGBの値を空白で区切ったものを書き込んでいく。

f.close()でファイルの書き込みを終了する。

　以上述べてきたプログラムは，テキストエディタで書くことができる。例えば，プログラムをgazou1.pyというファイル名で，ユーザのホームディレクトリに置いた場合は，コマンドラインで，

python gazou1.py

のようにすることで，実行することができる。これにより，myimage.ppmというファイルが作成される。このファイルをテキストエディタにドラッグアンドドロップすると，図3-3のPPM画像データと同様の形式で文字列が書き込まれていることが分かる。

　また，GIMP等の画像処理ソフトを使い，画像として表示させることができる。GIMPの場合は，「ファイル」メニューの「開く/インポート」を選択し，作成した画像を選択する。表示された画像を見ると，左下と右下が黒，左上が白，右上が青になっていることが分かるだろう。これは，GIMPの色選択画面で，色相として青を指定した時に表示されるものと同様の画像になっている。GIMPで読み込んだ画像は，「ファイル」メニューの「名前を付けてエクスポート」を選び，「ファイル形式の選択」で保存する形式を選ぶことで，PNGやJPEG等，様々な形式の画像ファイルとして書き出すことができる。

　では，逆に，画像を読み込む場合はどうしたらよいだろうか。アスキー形式のPPM画像の場合，テキストファイルであるので，頭から1行ずつ読み込み，配列にRGBの値を読み込むことができるだろう。ただし，PPM画像でRGBの値を書き出す場合，RGBの値をそれぞれ行を

変えて書くことも許されている。また，画像ファイル中に，＃で始まる
コメントを書くことも許されているため，コメント行を読み飛ばす処理
も必要となる。

　画像のフォーマットは多数あり，すべてのフォーマットに対応するプ
ログラムを書くことは困難であることから，通常は，画像処理ライブラ
リを利用して，画像の入出力を行うことになる。Python で画像を扱う
ために利用できるライブラリとしては，pillow や OpenCV 等がある。

　pillow を使って画像を読み書きする例は，以下のようになる。

```
# プログラム 3-2 pillow による画像の読み書き
from PIL import Image
import numpy as np
i1=Image.open("myimage.png")
i1.show()
image1=np.array(i1)
i2=Image.fromarray(image1)
i2.save("myimage.jpeg")
#####
```

　このプログラムでは，
from PIL import Image
により，pillow ライブラリの読み込みを行う（あらかじめ，pillow ライ
ブラリはインストールしておく必要がある）。
i1=Image.open("myimage.png")
により，myimage.png という名前のファイルを読み込む。
i1.show()

は，読み込んだ i1 を表示する。pillow の場合，既定の画像表示ソフト
を起動して画像の表示を行う。

image1=np.array(i1)

は，読み込んだ画像データを配列の形式に変換する。

i2=Image.fromarray(image1)

は，逆に配列を，pillow で扱える画像データの形式へと変換する。

i2.save("myimage.jpeg")

により，myimage.jpeg という名前のファイルへと変換し保存する。

　全体として，このプログラムは，myimage.png という名前の PNG
形式のファイルを，myimage.jpeg という名前の JPEG ファイルへ変換
するプログラムになっている。そして，このプログラムで，image1 の
配列の書き換えを行えば，書き換えた結果を保存することができる。配
列の書き換えによって，画像処理を行えるということである。ただし，
image1 は，3 次元の配列となっており，image1[y][x][0]で座標（x,
y）での R の値を取得できる。同様に，image1[y][x][1]，image1[y]
[x][2]で，座標（x,y）での G, B の値を取得することができる。

学習課題

　例示したプログラムを実際に実行してみよう。

4 | 画像の描画

《**目標&ポイント**》 マウスを使った画像の描画や，3次元形状の描画方法について，実際のプログラム例なども示しながら述べる。
《**キーワード**》 描画，マウス操作，3次元形状

4.1 画像の描画

Python の場合，tkinter と呼ばれる GUI を作成するためのライブラリが用意されている。これを使った描画について見てみよう。

以下は，マウス操作により直線を描画する例である。マウスをクリックした点を開始点，マウスを離した点を終了点として直線を描画する。

```
# プログラム 4-1 直線の描画
import tkinter as tk
x1=0
y1=0

def myclick(event)：
    global x1,y1
    x1=event.x
    y1=event.y
```

```
def myrelease(event):
    x2=event.x
    y2=event.y
    myCanvas.create_line(x1,y1,x2,y2, fill='black')

root=tk.Tk()
root.geometry('256x256')
myCanvas=tk.Canvas(root, width=256, height=256)
myCanvas.bind('<Button-1>', myclick)
myCanvas.bind('<ButtonRelease-1>', myrelease)
myCanvas.pack()

root.mainloop()
#####
```

　このプログラムの
```
import tkinter as tk
```
の部分では，tkinter ライブラリの読み込みを行う。
　x1=0，y1=0 は，マウスをクリックした座標を格納するための変数で，初期値として 0 を代入している。
```
def myclick(event):
```
では，マウスを左クリックした場合の処理を定義している。マウスをクリックした場合の x 座標，y 座標は，それぞれ，event.x，event.y で取得できるので，その値を x1，y1 に代入している。これが直線を描く場合の開始点となる。マウスをクリックした座標については，関数の外でも使えるように，global x1,y1 の宣言を行っている。

def myrelease（event）：
では，マウスボタンを離したときの処理を定義している。

　マウスボタンを離した x 座標，y 座標は，それぞれ，event.x，event.y で取得できるので，それらを x2，y2 に格納している。これが直線を描く場合の終了点となる。

myCanvas.create_line(x1,y1,x2,y2, fill='black')
によって，直線の描画を行っている。myCanvas は，描画を行うための GUI 部品で，create_line で直線を描くことができる。x1，y1 が開始点，x2，y2 が終了点の座標になり，fill='black' によって，線の色を黒に設定している。

　これ以降が，プログラムのメインの部分になり，

root = tk.Tk()
により root ウインドウの作成を行っている。

root.geometry('256x256')
の部分では，ウインドウのサイズを 256x256 に設定している。

myCanvas = tk.Canvas(root, width=256, height=256)
の部分では，root ウインドウ上に幅 256，高さ 256 の描画用の部品である Canvas を作成し，その名前を myCanvas としている。

myCanvas.bind('<Button-1>', myclick)
は，左ボタンをクリックした場合に，myclick 関数を実行することを宣言している。

myCanvas.bind('<ButtonRelease-1>', myrelease)
は，左ボタンを離した場合に，myrelease 関数を実行することを宣言している。

myCanvas.pack()
は，作成した myCanvas をウインドウ上に配置する。

root.mainloop()

によって，プログラムは，マウスイベントを待つという状態になる。

　このプログラムを実行するには，テキストエディタでこのプログラム
を書き，例えば，drawline.py というファイル名で保存し，ユーザのホ
ームディレクトリに置く。そして，コマンドラインで，

python drawline.py

のようなコマンドを打ち込むことで，実行することができる。開いたウ
インドウ上で，マウスをドラッグすると，直線を描くことができる。

　マウスをドラッグするのにあわせて自由曲線を描く場合のプログラム
の例は以下のようになる。

```
# プログラム 4-2 自由曲線の描画
import tkinter as tk
x1=0
y1=0
isdrawing=False

def myclick(event)：
    global x1,y1,isdrawing
    x1=event.x
    y1=event.y
    isdrawing=True

def myrelease(event)：
    global isdrawing
    x2=event.x
```

```
        y2=event.y
        myCanvas.create_line(x1,y1,x2,y2, fill='black')
        isdrawing=False

def mymove(event)：
        global x1,y1
        x2=event.x
        y2=event.y
        if isdrawing：
            myCanvas.create_line(x1,y1,x2,y2, fill='black')
        x1=x2
        y1=y2


root=tk.Tk()
root.geometry('256x256')
myCanvas=tk.Canvas(root, width=256, height=256)
myCanvas.bind('<Button-1>', myclick)
myCanvas.bind('<ButtonRelease-1>', myrelease)
myCanvas.bind('<Motion>', mymove)
myCanvas.pack()

root.mainloop()
#####
```

　先ほどのプログラムと異なる部分としては，
```
myCanvas.bind('<Motion>', mymove)
```

は，マウスを動かしている場合に，あらかじめ宣言した mymove 関数
を実行することを宣言している。

def mymove(event)：

の部分が，その宣言を行っている部分で，x2=event.x，y2=event.y に
より，マウスの現在位置を x2,y2 に格納している。そして，

myCanvas.create_line(x1,y1,x2,y2, fill='black')

により，以前に保存した x1,y1 から現在位置である x2,y2 まで直線を
引く。そして，現在位置である x2,y2 を，x1,y1 に保存し直す。これ
を繰り返すことにより，マウスの動きに従って短い直線を描いていくこ
とが可能になる。

　ただし，このままでは，マウスをクリックしない状態でも，線を描画
してしまうため，これを避けるために，プログラムの頭で，

isdrawing=False

として，描画を行う状態か否かを保存する変数 isdrawing を宣言してい
る。初期状態は False，すなわち描画状態ではないことを表す。

　マウスをクリックした場合に描画を始めるため，

def myclick（event）：の部分で，

isdrawing=True とする。そして，

def mymove（event）：の部分では，

if isdrawing：により，描画状態の時のみ，線の描画を行うようにする。

　マウスボタンを離した時に，描画を終了するため，

def myrelease（event）：の部分では，

isdrawing=False とする。

　以上のプログラムを実行すると，図4-1のように，マウスドラッグ
により，自由曲線を描画することができる。

　ここで，このような描画はどのようなアルゴリズムで行われるか考え

48

図 4 - 1 　自由曲線の描画

てみよう。まず，ウインドウの背景が白の場合，ウインドウと同じ大きさの 2 次元配列を用意し，その RGB の値を（255, 255, 255）とすればよい。そして，図 4 - 2 のように，描画色を黒として，（x1, y1），（x2, y2）を結ぶ直線を描くとする。この場合，配列のうち，どの部分を黒に書き換えればよいかということである。

（x1, y1），（x2, y2）を結ぶ直線の方程式は，

　y＝（y2−y1）/（x2−x1）*（x−x1）+ y1

となる。

　x の値を x1 から x2 まで変えながら，この式で y の値を求め，それに対応する，RGB の値を黒，すなわち，（0, 0, 0）にすればよい。

　ただし，直線の傾きが 1 を超える場合，点がつながらず，飛び飛びになるということが起こる。この場合は，y の値を y1 から y2 まで変え

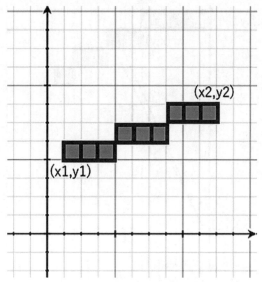

図 4 − 2　直線の描画

ながら x の値を求め，RGB の値を黒（0,0,0）にすればよい。

　次に，円を描画することを考えてみよう。円を描画する場合，その 1/8 の部分を描ければ，左右を反転し，上下を反転し，x と y を反転して描画すれば円全体を描画できるため，円の 1/8 の部分をどのように描画するかを考える。

　図 4 − 3 のように，y 軸を上向きとし，円の中心（x1,y1）から半径 r の円を描くとした場合，円の中心の上側の座標は（x1,y1 + r）となる。そして，そこから右側に円を描いていくとすると，y の値は単調に減少する。すなわち，座標（x,y）が円上の点だった場合，x を 1 増やした場合の y 座標は，y であるか，y−1 になる。このため，x の値を 1 ずつ増やしながら，2 つの候補となる点のうち，どちらかより適切な方を選んで描画していけばよい。具体的には，点（x + 1,y），点（x + 1,

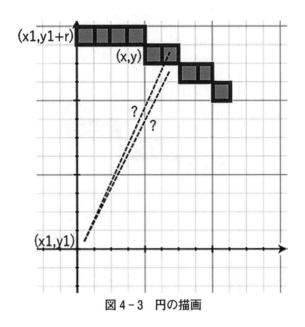

図4-3　円の描画

y-1）と円の中心（x1, y1）との距離を求め，この距離が円の半径 r により近い方の点を円上の点とすることで，円の描画を行うことができる。

4.2　3次元形状の描画

　コンピュータグラフィックス（CG）のうち，3次元（3D）を扱うのが3DCGである。3DCGでは，まず，3次元オブジェクトを定義するモデリングが行われる。基本的なモデルとしては，ワイヤーフレームモデル，サーフェスモデル，ソリッドモデルがある。

　ワイヤーフレームモデルでは，針金のような細い線により3次元オブジェクトが表現される。ワイヤーフレームモデルは，表現力は高くはないものの，データ量が小さく，コンピュータによる処理を高速に行える

という利点がある。

　サーフェスモデルでは，3 次元オブジェクトを 3 角形や 4 角形といったポリゴン（多角形）で表現する。

　ソリッドモデルでは，サーフェスモデルと違って，その内部もデータ化される。このため，内部と外部の区別を行うことができる。内部と外部の区別があることで，複数のモデルを演算により組み合わせて，より複雑な形状を表現することができるという利点がある。

　ここで，ワイヤーフレームモデルで 3 次元物体を描画することを考えてみよう。ここでは，一辺の長さが 1 の立方体を描画することを考える。8 つの頂点を A から H として，それぞれの座標は，$(0,0,0)$，$(1,0,0)$，$(1,1,0)$，$(0,1,0)$，$(0,0,1)$，$(1,0,1)$，$(1,1,1)$，$(0,1,1)$ とする。

　座標軸は，右方向が x 軸の正方向，上方向が y 軸の正方向，そして，それらとは垂直の方向を z 軸とする。視点については，z 軸方向の無限大から原点を見る正射影を仮定する。この場合，単純に，z 軸を無視したものが，x，y 座標となる。

　描画の範囲については，256 画素 × 256 画素のウィンドウで，左下点の座標を $(-0.5, -0.5)$，右上の座標を $(1.5, 1.5)$ とする。x 軸については，座標の -0.5 が 2 次元画像上の 0，座標の 1.5 が 2 次元画像上の 256 とすると，2 次元画像上への変換は，$(x+0.5)$ *256/2 で行うことができる。y 軸については，座標の 1.5 が 2 次元画像上の 0，座標の -0.5 が 2 次元画像上の 256 とすると，2 次元画像上への変換は，$(1.5-y)$*256/2 で行うことができる。

　この時，例えば，点 A $(0,0,0)$ の 2 次元平面上の座標は，$(64, 192)$ となる。同様に，立方体を構成する 8 つの点の 2 次元画像上の座標を求め，稜線にあたる点同士を結ぶと図 4−4 (a)のようになる。

　ここで，x 軸を中心に，30 度ほど回転させてみよう。回転の式につ

いては，以下のようになる。

$$\begin{bmatrix} u \\ v \end{bmatrix} = \begin{bmatrix} cos\theta & -sin\theta \\ sin\theta & cos\theta \end{bmatrix}\begin{bmatrix} x \\ y \end{bmatrix}$$

x軸を中心として回転する場合は，x座標の値は変わらない。y座標とz座標については，回転の式の，xをy，yをzと置き換えて回転すればよい。回転角度はラジアン単位となる。30度回転する場合は，$30\pi/180$ となる。

　例えば，点Dすなわち，$(0,1,0)$ を回転させた場合は，$(0,\cos(30\pi/180),\sin(30\pi/180))$ となる。そして，正射影した場合のx，y座標は，$(0,\cos(30\pi/180))$ となる。先ほどと同様に，立方体を構成する8個の点を結んでやれば，図4-4(b)のように，立方体をx軸を中心に30度回転させた図形を描くことができる。

　さらに，y軸を中心に30度回転させてみよう。この場合，y座標は変化しない。そして，回転の式の，yをzと置き換えて回転を行う。例えば，先ほどのx軸を中心に30度回転させた点Dの座標は，$(0,\cos(30\pi/180),\sin(30\pi/180))$ となるが，これをy軸を中心に30度回転させた場合，座標は，$(-\{\sin(30\pi/180)\}\hat{}2, \cos(30\pi/180), \sin(30\pi/180)\cdot\cos(30\pi/180))$ となる。先ほどと同様に，立方体を構成する8個の点を結んでやれば，図4-4(c)のような立方体を描くことができる。

　3次元モデルから，実際に見ることができる2次元画像を作成する処理はレンダリングと呼ばれる。レンダリングには，シェーディング，マッピング，隠面処理といった処理が含まれる。

　シェーディングは，3次元モデルに対して，陰影をつける処理である。一般的に，物体の表面では，入射光が特定の方向にのみ強く反射する鏡面反射と，あらゆる方向に反射する拡散とが起こる。また，周囲の

物体等に幾度も反射されることにより，あらゆる方向からほぼ均一にやってくる光の成分である環境光があり，これらを足し合わせたものとして物体の表面の明るさが決定される。

　フラットシェーディングでは，3次元オブジェクトを構成する各ポリ

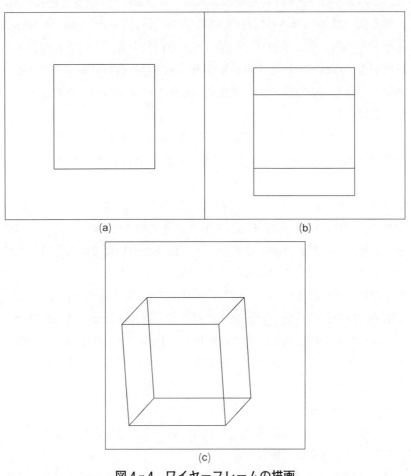

(a)　　　　　　　　　　　　　　　(b)

(c)

図4-4　ワイヤーフレームの描画

ゴンの中心の傾きからその点での明るさを求め，その明るさをそのポリ
ゴン全体の明るさとする。計算量が比較的少ない反面，ポリゴンごとに
明るさが変わるため，ポリゴンの境目が目立つという問題がある。グロー
シェーディングやフォンシェーディングは，なめらかな陰影を実現で
き，このようなシェーディングは，スムーズシェーディングと呼ばれる。

　例えば，図4-4(b)の立方体を例にフラットシェーディングを行うこ
とを考えてみよう。光源は，(0,0,1) の方向にあり，そこから白色の平
行光が当てられているとする。物体表面が完全拡散面であるとすると，
光源の方向と面の方向の間の角度の cos をとったものが，その面の明る
さに掛けられる。

　図4-4(b)の点 EFGH で構成される面の場合，点Eから点Fに向かう
ベクトルは，(1,0,0) となる。また，EからHに向かうベクトルは，
$(0, \cos(30\pi/180), \sin(30\pi/180))$ となる。これら2つのベクトルと垂直
になる方向を求めることで，面の法線ベクトルは，$(0, -\sin(30\pi/180), \cos(30\pi/180))$ と求まる。これと，光源の方向 (0,0,1) との内積
をとると，$\cos(30\pi/180)$ となるので，正面向きの場合の明るさに，この
値を掛けることで，この面の明るさを求めることができる。以上のよう
な処理により，図4-5のように各面の明るさを求めることができる。

　陰影付けを行うシェーディングに対して，物体に影を付ける処理はシ
ャドウイングと呼ばれる。点光源の場合，物体に遮られた部分には暗い
影である本影のみができるが，光源が大きさを持つ場合，まったく光が
当たらない本影以外に，光の一部のみが遮られる半影ができる。

　物体の表面に模様などの画像を貼り付ける処理は，テクスチャマッピ
ングと呼ばれる。これにより，木や石といった質感の表現ができ，より
自然な物体の表現が可能になる。

　複数の物体を表現する場合，その前後関係や相互の影響を考慮するこ

図 4-5　シェーディング

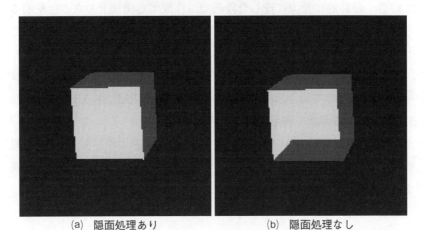

(a)　隠面処理あり　　　　　　　(b)　隠面処理なし

図 4-6　隠面処理

とも必要となる。例えば，図 4-6(a)は，立方体を奥側から描画した例
で，立方体が正しく表示されている。図 4-6(b)は，底面を最後に描画
した場合で，同じ 3 次元モデルであるが，立方体が正しく表示されてい

ないことが分かる。2つの物体が重なっている場合，隠れている部分を表示しないといった処理が必要となる。

このような隠れている面を表示しないようにする処理は隠面処理と呼ばれる。隠面処理の方法の1つであるZバッファ法では，Zバッファと呼ばれる視点からの距離を保存するためのバッファを利用し，手前側のデータのみを描画する。スキャンライン法は，視点と作成しようとする画面の水平線（スキャンライン）が構成する面と，ポリゴンとの交線を計算し，これらの線分のうち，最も手前にあるものだけを表示することで隠面処理を実現する。

一方，レイトレーシングでは，視点と作成する画面上の点とを結ぶ光が，反射，屈折により，もともとどの方向から来たか経路を逆にたどっていき，最終的に光源に達した段階で，作成する画面上の点の色や明るさを決定する。これにより，透明な物体の屈折などの表現を実現することができる。

3DCG を作成するためのソフトウェアとしては，例えば，オープンソースのものとしては，Blender がある。また，VRML や X3D のような3D を記述する言語を利用することもできる。

ここで，VRML についてもう少し詳しく見てみよう。図4-7の左側のウィンドウが VRML のソースファイルであり，テキスト形式で作成する。拡張子は，wrl とする。

最初の行の

#VRML V2.0 utf8

は，このファイルが VRML 2.0 のファイルで，文字コードが UTF-8 であることを表す。

Background { skyColor 0.8 1 1 }

は，背景色の指定で，RGB の値を 0 から 1 の範囲で指定している。

geometry Cone {

bottomRadius 1

height 1.5 }

は，底面の半径が 1，高さが 1.5 の円錐を描く。

appearance Appearance{

material Material{ diffuseColor 0 0 1 }

}

は，円錐の色を青に指定している。

Transform{

translation -1.2 0 0

children ［・・・

］

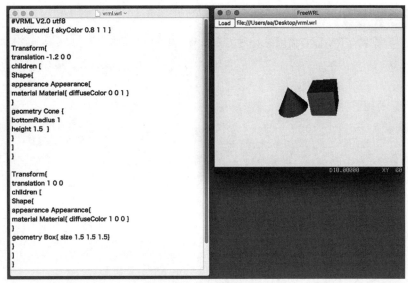

図 4-7　VRML

58

}

の部分は，children の部分に記述された物体を，-1.2 0 0 の位置に移動している。

geometry Box{ size 1.5 1.5 1.5 }

は，一辺 1.5 の立方体を描画する。

　作成した VRML ファイルは，VRML のビューアを用いることで表示することができる。VRML のビューアとしては，例えば，オープンソースのものであれば FreeWRL などを利用できる。図 4-7 の右側のウィンドウが VRML の表示結果を示している。ビューアの機能により，ユーザは，表示された 3 次元空間に対して拡大縮小，水平移動，回転等の操作を行うことができる。

学習課題

　実際に VRML で描画を行ってみよう。

5 │ 画像の変換

《**目標＆ポイント**》 デジタル画像処理の例として，色や明るさの変換方法について述べる。ヒストグラムの作成方法や，トーンカーブを用いた画像の処理手法，画像の幾何学変換をどのように行うかについて述べる。
《**キーワード**》 ヒストグラム，トーンカーブ，幾何学変換

5.1 色や明るさの変換

画像の色や明るさの変換は，画像を構成する各画素の RGB の値を書き変えることで実現できる。例えば，ある画素の RGB の値が (R, G, B) であった場合，この値を (R+α, G+α, B+α) のように値を大きくしてやれば，画像を明るく変更することができる。逆に RGB の値を小さくしてやれば，画像を全体的に暗くすることができる。

これをプログラムで実現する場合，例えば，以下のようにすることができる。

```
# プログラム 5-1 明るさの変換
from PIL import Image
import numpy as np

i1=Image.open("myimage1.png")
h=i1.height
```

```
w=i1.width
image1=np.array(i1)
image2=np.zeros((h,w,3) , dtype="uint8")

for y in range(h)：
  for x in range(w)：
    for c in range(3)：
      temp=(int)(image1[y][x][c])+64
      if temp<0：
        temp=0
      if temp>255：
        temp=255
      image2[y][x][c]=temp

i2=Image.fromarray(image2)
i2.save("myimage2.png")
#####
```

　このプログラムでは，
h=i1.height で画像の高さ，
w=i1.width で画像の幅を取得している。
　また，
image2=np.zeros((h, w, 3) , dtype="uint8")
により，変更後の画像を保存するための image1 と同じ大きさの配列を
宣言している。
temp=(int)(image1[y][x][c])+64

では，RGB それぞれの値に 64 を足している。ただし，RGB の値は 0 から 255 の範囲になる必要があるため，RGB の値が 0 未満になる場合には 0，255 を超える場合には 255 になるように if 文を入れている。そして，変換後の画像を myimage2.png という名前で保存している。

　同様に，(R, G, B) の値を (R+α, G, B) のように，R の値のみ大きくしてやれば，画像を赤っぽく変換することができる。B の値のみ大きくしてやれば，画像を青っぽく変換することができる。

　また，カラー画像を白黒の濃淡を持った画像に変換することもできる。このような画像は，濃淡画像，あるいは，グレースケール画像と呼ばれる。最も単純には，各画素の明るさを RGB の平均値としてやれば，グレースケール画像へと変換することができる。また，YIQ カラーモデルでは，

　　0.299 R + 0.587 G + 0.114 B

により変換することで，より人の感覚に近い変換を行うことができる。

　これをプログラムで実現する場合は，例えば，以下のようにする。

```
# プログラム 5-2 グレースケール画像への変換
from PIL import Image
import numpy as np

i1=Image.open("myimage1.png")
h=i1.height
w=i1.width
image1=np.array(i1)
image2=np.zeros((h,w) , dtype="uint8")
```

```
for y in range(h)：
  for x in range(w)：
      temp=0.299*image1[y][x][0]
      temp+=0.587*image1[y][x][1]
      temp+=0.114*image1[y][x][2]
      image2[y][x]=(int)(temp)

i2=Image.fromarray(image2)
i2.save("myimage2.png")
#####
```

　また，画像を白と黒の2色の画像へと変換することができる。このような画像は，2値画像と呼ばれる。グレースケール画像を，明るさがある値以上なら白，ある値未満ならば黒にすることで，画像を2値化して，白と黒だけの画像を作ることができる。

　デジタルカメラやスキャナによって画像データを取得する場合，画像入力装置の特性や撮影時の照明などの条件により，明るさやコントラスト，色合いなどが十分に再現できない場合もある。これらの修整を行う場合，まず，画像の明るさや色にどのような傾向があるかを知る必要がある。このような目的で利用されるものとして，ヒストグラムがある（図5-1）。ヒストグラムは，画像に含まれる画素の明るさや色の分布を表現したもので，例えば，グレースケール画像を対象とする場合，横軸を明るさとして，左端が明るさ0，すなわち黒，右端が明るさ255，すなわち白とする。縦軸はそれぞれの明るさの画素数を表す。これにより，例えば，画像が明るい方に偏っている，暗い方に偏っているといったことを判断することができる。

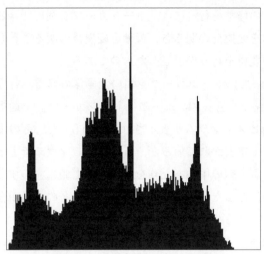

図5-1　明るさのヒストグラム

図5-2　トーンカーブによる画像の変換

　明るさなどの修整を行うには，トーンカーブを利用できる。トーンカーブは，横軸を変換前の明るさ，縦軸を変換後の明るさとして，どのように明るさの変換を行うかを表したものである。

　GIMPを使って，トーンカーブを用いた画像の修整を行う場合は，画像を表示した後，「色」メニューの「トーンカーブ」を選択すると，画像の明るさのヒストグラムが表示される（図5-2）。その上に，左下から右上に線が1本引かれているが，この線は，マウスで上下に移動させることができる。線の中心あたりをマウスで上側にずらすと，トーンカーブが上に凸になった状態になる。すると，もとの画像が全体的に明るい状態に修整される。

　このようなトーンカーブによる画像の修整をプログラムで行う場合は，例えば，以下のようにする。

```
# プログラム5-3 トーンカーブによる画像の変換
from PIL import Image
import numpy as np

i1=Image.open("myimage1.png").convert("L")
h=i1.height
w=i1.width
image1=np.array(i1)
image2=np.zeros((h,w), dtype="uint8")

tonecurve=np.zeros(256, dtype="uint8")
for x in range(256)：
    tonecurve[x]=x
```

```
for y in range(h):
    for x in range(w):
        image2[y][x]=tonecurve[image1[y][x]]

i2=Image.fromarray(image2)
i2.save("myimage2.png")
#####
```

　このプログラムでは，
i1=Image.open("myimage1.png")の後の
.convert("L")により，画像をグレースケール画像に変換している。これを配列に変換すると，明るさの情報を含んだ縦 h，横 w の 2 次元配列が得られる。

　tonecurve は，明るさをどのように変えるかの配列になっており，
tonecurve[x]=x
としていることから，例えば，もとの画像の明るさが 100 だった場合，変換後の tonecurve[100] の値は 100 となる。これは，すなわち，明るさが変化しないことを表す。図 5-3(a)の右側は，この場合のトーンカーブを示している。左側は変換後の画像であるが，この場合は，変換前の画像と同じになる。

　図 5-3(b)は，トーンカーブが上に凸になっている場合の例である。例えば，トーンカーブの部分を以下のように変更する。
```
for x in range(128):
    tonecurve[x]=x*2
for x in range(128,256):
    tonecurve[x]=255
```

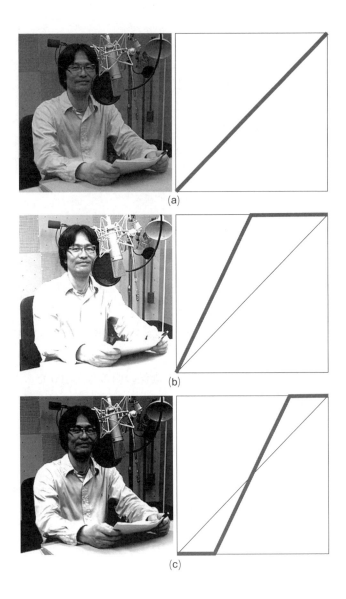

(a)

(b)

(c)

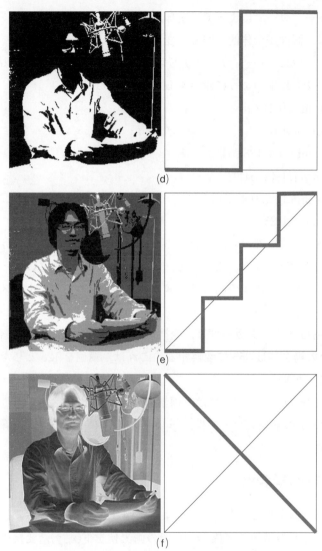

(d)

(e)

(f)

図 5-3　トーンカーブによる画像の変換

　このトーンカーブによって，全体的に変換後の画素値は大きくなり，その結果，画像が全体的に明るく変更される。

　図5-3(c)は，トーンカーブがS字型の場合の例である。例えば，トーンカーブを以下のように設定する。

```
for x in range(64)：
    tonecurve[x]=0
for x in range(64,128+64)：
    tonecurve[x]=(x-64)*2
for x in range(128+64,256)：
    tonecurve[x]=255
```

　この場合，暗い部分の画素値は，より小さくなり，明るい部分の画素値は，より大きくなる。このため，S字型のトーンカーブによって画像を変換した場合，画像の明るさのメリハリ，すなわちコントラストを強くすることができる。

　図5-3(d)のトーンカーブは，変換前の画素値が128未満の場合は0，128以上の場合には255に変換する。これは，閾値を128とした2値化処理になっている。

　図5-3(e)のトーンカーブは，画素値を4階調化している。

　図5-3(f)のトーンカーブは，-45度の線になっており，画像の階調を反転する。

5.2　幾何学変換

　画像を変形することを考えてみよう（図5-4）。ここでは，濃淡画像を考え，もとの画像の座標(x, y)での画素値を$F(x, y)$，変換後の画像の座標(u, v)での画素値を$G(u, v)$とする。

　もとの画像を，横方向にa，縦方向にbだけ平行移動する場合，変換

後の座標 (u, v) は，もとの座標 (x, y) を用いて，

$$\begin{bmatrix} u \\ v \end{bmatrix} = \begin{bmatrix} x \\ y \end{bmatrix} + \begin{bmatrix} a \\ b \end{bmatrix}$$

と表現できる。この式を解くと，もとの座標 (x, y) は，

$$\begin{bmatrix} x \\ y \end{bmatrix} = \begin{bmatrix} u \\ v \end{bmatrix} - \begin{bmatrix} a \\ b \end{bmatrix}$$

となる。この式は，G(u, v) の画素値は，F(u−a, v−b) の値をコピーすればよいことを表す。

　これをプログラムで実現する場合は，例えば，以下のようにする。if 文は，計算した x, y 座標がもとの画像に含まれない場合に，コピーを行わないようにするためのものである。

```
# プログラム 5-4 幾何学変換
from PIL import Image
import numpy as np
import math

i1=Image.open("myimage1.png").convert("L")
h=i1.height
w=i1.width
image1=np.array(i1)
image2=np.zeros((h,w), dtype="uint8")

a=40
b=20
for v in range(h):
```

```
for u in range(w)：
    x=u-a
    y=v-b
    if x>=0 and x<w and y>=0 and y<h：
        image2[v][u]=image1[y][x]

i2=Image.fromarray(image2)
i2.save("myimage2.png")
#####
```

　もとの画像を，k 倍に拡大する場合，変換後の座標 (u, v) は，もとの座標 (x, y) を用いて，

$$\begin{bmatrix} u \\ v \end{bmatrix} = k \begin{bmatrix} x \\ y \end{bmatrix}$$

と表現できる。この式を解くと，もとの座標 (x, y) は，

$$\begin{bmatrix} x \\ y \end{bmatrix} = \frac{1}{k} \begin{bmatrix} u \\ v \end{bmatrix}$$

となる。この式は，G(u, v) の画素値は，F(u/k, v/k) の値をコピーすればよいことを表す。

　これをプログラムで実現する場合は，x, y を求める部分を以下のように書き換える。

```
k=2
for v in range(h)：
    for u in range(w)：
        x=(int)(u/k)
```

y=(int)(v/k)

　もとの画像を，角度 θ だけ回転させる場合，変換後の座標(u, v)は，もとの座標(x, y)を用いて，

$$\begin{bmatrix} u \\ v \end{bmatrix} = \begin{bmatrix} cos\theta & -sin\theta \\ sin\theta & cos\theta \end{bmatrix} \begin{bmatrix} x \\ y \end{bmatrix}$$

と表現できる。この式を解くと，もとの座標(x, y)は，

$$\begin{bmatrix} x \\ y \end{bmatrix} = \begin{bmatrix} cos\theta & sin\theta \\ -sin\theta & cos\theta \end{bmatrix} \begin{bmatrix} u \\ v \end{bmatrix}$$

となる。この式は，G(u, v)の画素値は，F(u・cosθ+v・sinθ, −u・sinθ+v・cosθ)の値をコピーすればよいことを表す。

　これをプログラムで実現する場合は，x, y を求める部分を以下のように書き換える。

```
theta=30
for v in range(h):
  for u in range(w):
    x=(int)(u*math.cos(math.pi*theta/180)
    +v*math.sin(math.pi*theta/180))
    y=(int)(-u*math.sin(math.pi*theta/180)
    +v*math.cos(math.pi*theta/180))
```

　一般に，変換後の座標(u, v)は，もとの画像ではどの位置に対応するかを求め，その座標(x, y)での画素値 F(x, y) を G(u, v) にコピーすることで，画像の変形を実現することができる。

(a) 平行移動　　　　　　　　(b) 拡大

(c) 回転

図 5-4　画像の幾何学変換

学習課題

　GIMP を使って，トーンカーブによる画像の修整を行ってみよう。

6 | 空間フィルタリング

《**目標＆ポイント**》 画像の加工や特徴抽出などに用いられる空間フィルタリングについて述べる。エッジ抽出や画像のぼかし，鮮鋭化等の実現方法について述べる。

《**キーワード**》 空間フィルタリング，エッジ抽出，ぼかし，鮮鋭化

6.1 空間フィルタリング

　画像処理の中で，最も基本的な処理の1つとして空間フィルタリングがある。空間フィルタの概念を図示すると，図6-1のようになる。左側がもとの画像になる。中央にあるのがフィルタで，画像に対して何らかの処理を行い，必要な情報のみを抽出する。コンピュータは，数値を扱う機械であるので，空間フィルタでは何かしらの計算をすることになる。右側がフィルタを通した結果で，この図では，画像の中から，輪郭

フィルタ

図6-1　空間フィルタリング

成分を抽出している。フィルタを設計することで，様々な画像の処理を
実現することができる。

　空間フィルタリングを行う場合，通常，ある画素の周りの4画素，あ
るいは8画素といった近傍画素の画素値により，その画素の画素値を書
き換えるという処理が行われる。ここでは，明るさが0から255で表現
されるグレースケール画像を対象として考え，このグレースケール画像
で，座標(x, y)での明るさを書き換えるとする。自分自身と8近傍の画
素を使うとすると，x座標がx−1からx+1，y座標がy−1からy+1
の範囲が処理の対象になる。

　空間フィルタリングの簡単な例として，ある画素の左上の明るさ，上
での明るさ，右上での明るさと足していき，右下までの9画素分を足し
合わせるとする。そして，9画素分を足しているので，足したものを9
で割るとする。これは，ある画素の左上での係数である1/9，上での係
数である1/9，と係数のみを取り出し，

$$\begin{vmatrix} 1/9 & 1/9 & 1/9 \\ 1/9 & 1/9 & 1/9 \\ 1/9 & 1/9 & 1/9 \end{vmatrix}$$

のように，3×3の行列の形で表現することができる。

　では，このようなフィルタを使うと，処理の結果，どのような画像が
得られるだろうか。このフィルタは，対象とする画素とその周りの8画
素の画素値の平均化を行う。このため，このフィルタは平均化フィルタ
と呼ばれる。図6-2は，平均化フィルタを3回繰り返しかけた結果で
ある。画像全体が平滑化され，ぼかしがかかったような状態になってい
ることが分かる。平均化フィルタを繰り返しかけることで，よりぼかし
を強くすることができる。

　平均化フィルタのプログラムは，例えば，以下のようになる。

図 6 - 2　平均化フィルタ

```
# プログラム 6-1 平均化フィルタ
from PIL import Image
import numpy as np

i1=Image.open("myimage1.png").convert("L")
h=i1.height
w=i1.width
image1=np.array(i1)
image2=np.zeros((h, w), dtype="uint8")

for y in range(1, h-1):
  for x in range(1, w-1):
    tem=(int)(
1./9*image1[y-1][x-1]+1./9*image1[y-1][x]+1./9*image1[y-1][x+1]+
1./9*image1[y][x-1]  +1./9*image1[y][x]  +1./9*image1[y][x+1]  +
```

1./9*image1[y+1][x-1]+1./9*image1[y+1][x]+1./9*image1[y+1][x+1])
  if tem<0：
   tem=0
  if tem>255：
   tem=255
  image2[y][x]=tem

i2=Image.fromarray（image2）
i2.save（"myimage2.png"）
#####

 画像の平滑化には，ガウス分布に基づき，中央に近い画素の重みを大きくした

$$\begin{vmatrix} 1/16 & 2/16 & 1/16 \\ 2/16 & 4/16 & 2/16 \\ 1/16 & 2/16 & 1/16 \end{vmatrix}$$

のようなフィルタが用いられる場合もある。
 画像のノイズの中には，画像の中に白や黒の点が現れる，いわゆるゴマ塩ノイズと呼ばれるものがあるが，画像を平滑化するフィルタは，このようなゴマ塩ノイズの軽減などにも利用できる。
 空間フィルタリングの別の例を見てみよう。3×3のフィルタで，中央が−1，その右側が1，それ以外の値は0という

$$\begin{vmatrix} 0 & 0 & 0 \\ 0 & -1 & 1 \\ 0 & 0 & 0 \end{vmatrix}$$

のようなフィルタを考える。このフィルタを用いて，どのような画像処

理を行えるだろうか。

　プログラムで書く場合は，空間フィルタの畳み込み処理の部分を，例えば，

tem＝(int)(4.0*abs(-1.*image1[y][x]+1.*image1[y][x+1]))

のようにする（通常，このフィルタを利用する場合は，出力の絶対値をとり，また，定数を掛けたり，足したりすることで，画像として適切になるよう，値の調整を行う）。

　このフィルタの出力を考えると，例えば，画像の3×3の大きさの領域で，中央が0，その右側が255の場合に最大値になる。これは，黒と白が並んだ状態になる。また，どのような場合に出力が0になるか考えると，画像の3×3の大きさの領域で，中央とその右側が同じ明るさの場合になる。このことから，このフィルタの出力の絶対値をとると，輪郭（エッジ）が存在する部分では大きな値，それ以外では小さな値になると考えられる。

　エッジ抽出フィルタをかけた結果は，図6-3のようになる。

図6-3　エッジ抽出

78

　ここで，このフィルタは，数学的にどのような意味があるか考えてみ
よう。1画素分の違いを Δ で表すとすると，このフィルタの出力は，
{f(x+Δ)−f(x)}/Δ を計算していることになる。Δ を 0 に近づけた極限を
考えると，これは1次微分の式になることから，このフィルタは，1次
微分を行うフィルタになっていることが分かる。1次微分は傾きを表す
ので，このフィルタは，x 方向の明るさの勾配を検出しているというこ
とができる。x 方向に明るさの勾配があるということは，輪郭線は，縦
方向に続くということになる。

　ただしこのフィルタの出力は，小さなノイズの影響を受けやすいとい
う問題がある。このため，

$$\begin{vmatrix} -1 & 0 & 1 \\ -1 & 0 & 1 \\ -1 & 0 & 1 \end{vmatrix}$$

のようなフィルタを用いる場合もある。

　左側の係数が −1，右側の係数が 1 であるため，先ほどのフィルタに
比べて，少し幅広い範囲で傾きを求めることになる。また，上下で同じ
係数が並んでいるため，上下で平均化した傾きがフィルタの出力とな
る。平均化している分，先ほどのフィルタに比べて，ノイズの影響を受
けにくくなる。

　横方向に続く輪郭線についても考える場合は，

$$\begin{vmatrix} -1 & -1 & -1 \\ 0 & 0 & 0 \\ 1 & 1 & 1 \end{vmatrix}$$

のようなフィルタを考え，2つのフィルタの絶対値の和や，2乗平均が
大きい部分を輪郭部分とすることができる。

　一方，輪郭部分がグラデーションのように徐々に明るさが変わるよう

な場合は，明るさの変化が十分に大きくならず，１次微分を使った空間
フィルタでは，輪郭として抽出できない場合がある。

このような場合には，

$$\begin{vmatrix} 0 & 1 & 0 \\ 1 & -4 & 1 \\ 0 & 1 & 0 \end{vmatrix}$$

のようなラプラシアンフィルタを利用する。

　１次微分によるエッジ抽出フィルタで検出するのが難しい徐々に明る
さが変わる輪郭を図示すると，図６-４のようになる。このような場合，
１次微分を求めると，ピークの値が大きくならないため，輪郭として抽
出することが難しくなる。一方，明るさの２次微分を求めると，なだら
かな輪郭の部分で，一度山が出た後，谷が出るという形になる。そし
て，２次微分の値がプラスからマイナスに変わる所が輪郭になる。

　数学的には，２次微分は，

　　$[\{f(x+\Delta)-f(x)\}/\Delta-\{f(x)-f(x-\Delta)\}/\Delta]/\Delta=$

　　$\{f(x+\Delta)-2f(x)+f(x-\Delta)\}/\Delta^{\wedge}2$ を計算することになる。

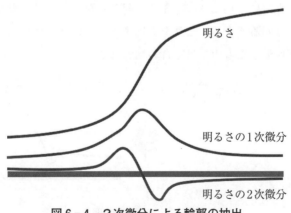

図６-４　２次微分による輪郭の抽出

　これは，3×3のフィルタでいうと，中央の行について重みが1，-2，1となることに対応する。同様に，y方向の2次微分を考えると，中央の列について，重みが1，-2，1となる。この2つを足し合わせれば，中央が-4，上下左右が1，斜め方向は0というラプラシアンフィルタになる。ラプラシアンフィルタとして，斜め方向も考え，3×3の領域で中央が-8，その他が1というフィルタが使われる場合もある。

　輪郭を求める際には，ラプラシアンフィルタの出力を求めて，値が0と交差する所（ゼロクロッシング）を求めて，その部分を輪郭として抽出する。

　別のフィルタの例として，鮮鋭化フィルタを見てみよう。鮮鋭化とは，輪郭がぼやけた画像の輪郭を強調して，よりシャープな画像に変換する処理である。輪郭部分の暗い部分をより暗くし，明るい部分をより明るくすることで，輪郭部分のコントラストが上がり，輪郭が強調された画像を作り出すことができる。

　例えば，もとの画像の輪郭部分の明るさが図6-5左側のように徐々に明るくなるとする。鮮鋭化した場合の輪郭は，図6-5右側のように，明るくなる直前に一旦より暗くなり，明るくなった時に，もとの画像よりも一旦より明るくなる。これを実現するためには，ラプラシアンフィルタを上下反転したものを足し合わせればよい。

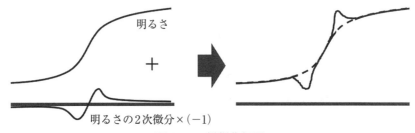

図6-5　鮮鋭化処理

図6-6 鮮鋭化

　もとの画像を変更しないフィルタは，中央が1，その他が0のフィルタになる。また，ラプラシアンフィルタは，中央が−4，上下左右が1，斜め方向が0のフィルタになる。そして，この2つの差をとると，中央が5，上下左右が−1，斜め方向が0のフィルタになる。

　図6-6が鮮鋭化フィルタをかけた結果になる。輪郭部分がより明確になっているのが分かる。ただし，鮮鋭化フィルタをかけた場合，画像にノイズが乗りやすくなるという問題もある。

　フィルタとしては，これまで述べてきた線形のフィルタではない，非線形のフィルタもある。このようなフィルタの例としては，例えば，画素の統計的な処理により，空間フィルタを実現するものがある。

　最小値フィルタは，3×3の領域の最小値を出力する。最大値フィルタは，3×3の領域の最大値を出力する。メディアンフィルタは，3×3の領域の中央値を出力する。このようなフィルタは，白や黒の点状のノイズを落とす場合などに利用できる。

　また，3×3の領域の最大値と最小値の差を出力するレンジフィルタ

と呼ばれるフィルタもある。これは，明るさの変化が大きい部分で大きな値を出力しやすく，このような明るさの変化は輪郭部分で生じやすいため，結果として，輪郭を抽出する際などに利用することができる。

　GIMP には，様々な効果を持ったフィルタが，あらかじめ多数用意されている。「フィルター」メニューを見ると，ぼかしや，輪郭抽出，芸術的効果など，様々なフィルタがあり，また，ぼかしの中にも，いくつかの種類があることが分かる。

　モザイク処理は，モザイクをかける。これは，正方形の領域の色や明るさを平均化するもので，画像の一部を選択して，その部分だけ，モザイクをかけることもできる。輪郭抽出を行う場合は，例えば，ソーベルフィルタと呼ばれるフィルタを利用することができる。

　「フィルター」メニューの「汎用」を選び，「コンボリューション行列」を選ぶことで，空間フィルタの係数を設定することができる。デフォルトの状態では，中心が 1，その周りがすべて 0 になっている。これは，もとの画像の画素値をそのまま出力することに対応する。ここで，中心とその 8 近傍の値をすべて 1/9 に変更すると，これは，平均化フィルタと同じ係数になるので，平均化フィルタとして働く。

　また，「フィルター」メニューでは，複数のフィルタを組み合わせた，より複雑な画像処理も行うことができる。例えば，「芸術的効果」の「キャンバス地」を選ぶと画像を布に印刷したように変換することができる。「油絵化」を選ぶと，写真を油絵のように変換する。また「キュビズム」を選ぶと，いわゆるキュビズムのような絵に変換することができる。

学習課題

　GIMP を使って空間フィルタリングを行ってみよう。

7 | 物体検出／2値画像処理

《**目標＆ポイント**》 物体検出の方法として，テンプレートマッチングについて述べる。また，2値画像処理の例として，ラベリングや輪郭追跡について述べる。
《**キーワード**》 テンプレートマッチング，2値画像，ラベリング，輪郭追跡

7.1 物体検出

　検出しようとする物体の形が固定されており，大きさ等も分かっている場合は，テンプレートマッチングと呼ばれる手法により物体検出を行うことができる（図7-1）。テンプレートマッチングでは，あらかじめ検出しようとする画像（テンプレート画像）を用意しておき，その画像を，対象となる画像上で移動させながら最も一致する場所を探すという処理を行う。

　具体的には，まず，検出しようとする画像の左上の点を，対象となる

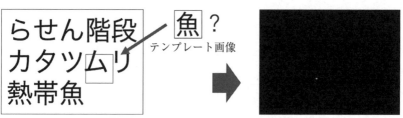

図7-1　テンプレートマッチング

画像の左上の点 (0, 0) に重ねる。そして，2 枚の画像の明るさの違いを
計算する。2 枚の画像の明るさの違いについては，明るさの差の絶対値
を足していく方法や，明るさの差の自乗を足していく方法などがある。
検出しようとする画像の左上の点を，(1, 0)，(2, 0) と移動させながら，
2 枚の画像の明るさの違いを計算するという処理を繰り返し，明るさの
違いが最も小さくなった場所を，テンプレート画像と最も一致する場所
とする。図 7-1 の右側がテンプレートマッチングの結果になる。画面
中央下側の最も明るくなっている点が，最も一致する場合のテンプレー
ト画像の左上点の場所となる。

　プログラムで書くと，例えば，以下のようになる（tem*＝5 の部分
は，明るさを調整するために加えている）。

```
# プログラム 7-1 テンプレートマッチング
from PIL import Image
import numpy as np

i1=Image.open("myimage1.png").convert("L")
h=i1.height
w=i1.width
image1=np.array(i1)
image2=np.zeros((h, w), dtype="uint8")

t1=Image.open("template.png").convert("L")
ht=t1.height
wt=t1.width
template1=np.array(t1)
```

```
for y in range(0,h-ht)：
  for x in range(0,w-wt)：
    tem=0
    for v in range(0, ht)：
      for u in range(0, wt)：
        tem+=abs((int)(image1[y+v][x+u])-template1[v][u])
    tem=tem*5/ht/wt
    tem=255-tem
    if tem<0：
      tem=0
    if tem>255：
      tem=255
    image2[y][x]=tem

i2=Image.fromarray(image2)
i2.save("myimage2.png")
#####
```

　テンプレートマッチングを行う場合，あらかじめ画像中で検出しよう
とする物体がどのぐらいの大きさで存在するかを知っている必要があ
る。大きさが分からないような場合は，階層的に大きさを変えた画像を
用意し，それらを用いてテンプレートマッチングを行うといった方法も
用いられる。

7.2　2値画像処理

　2値画像処理は，プリント基板の検査や，製品の外観検査，農産物の

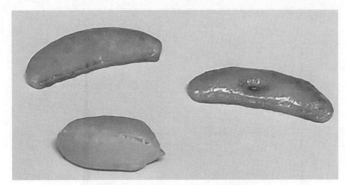

図7-2 グレースケール画像

選別など，様々な場面で利用される。ここでは，2値画像処理の例として，図7-2の柿の種とピーナッツの画像を例に，背景と物体を分離し，それぞれの物体の特徴を求めることを考えてみよう。

　製品検査等の場合，背景や照明の調整ができることから，例えば，ある明るさ以上であれば背景，それ以下であれば物体部分とすることで，背景と物体を分離することができる。図7-3は，図7-2の明るさのヒストグラムをとったものである。これを見ると大きな山が2つあり，明るい方の山が背景部分，暗い方の山が物体部分に対応する。

　背景と物体を分離するための閾値を決めるための方法の1つとして，
　クラス間分散／クラス内分散
の値が最大になるように閾値を求める方法がある。ある閾値で2つのクラスに分け，それぞれの山の幅がより狭く，より2つの山が離れるように閾値を決めるという考え方になる。

　具体的に計算する場合は，ある閾値でクラス1，クラス2に分け，それぞれの分散を求める。クラス1のデータ数が$n1$，クラス2のデータ数が$n2$であれば，

図7-3　ヒストグラム

　n1/(n1+n2)・(クラス1の分散)+n2/(n1+n2)・(クラス2の分散)
がクラス内分散になる。また，全体の分散を求め，そこからクラス内分散を引いたものがクラス間分散になる。そして，閾値を変えながら，（クラス間分散/クラス内分散）の値を求め，最も値が大きくなった場合の閾値を，最も背景と物体を分離できる閾値とする。
　図7-4は，図7-2を2値化した結果になる。ただし，この画像を見ると，左下の背景の一部にノイズが残っており，また，右側の柿の種の光っていた部分が物体部分から除外されている。このため，ノイズを落とし，穴埋めを行う処理が必要となってくる。
　ノイズ除去や穴埋めを行う方法としてモーフォロジー（モルフォロジー）演算を用いる方法がある。モーフォロジーは，膨張と収縮という基本的な演算の組み合わせにより，画像の処理を行う。ここでは，白が背

図 7-4　2 値化画像

景色，黒が物体色とする。

　膨張演算は，もとの画像に黒が含まれる場合に，その画素の周りの画素を黒にする演算である。例えば，ある画素が黒だった場合に，その周りの 8 画素を黒にする。膨張演算により，物体の領域を大きくすることができる。

　もう 1 つの基本的な演算は収縮演算である。収縮演算は，もとの画像に白が含まれる場合に，その画素の周りの画素を白にする演算であり，例えば，ある画素が白だった場合に，その周りの 8 画素を白にする。これにより，物体の領域は収縮する。収縮演算は，膨張演算の逆演算ということができる。

　ノイズ除去を行うには，収縮演算を N 回繰り返し，その後，膨張演算を N 回繰り返す。例えば，図 7-4 の画像に対して，収縮演算を 2 回行った場合，図 7-5 左側のようになる。収縮させると，全体的に黒画素部分の大きさは小さくなる。柿の種の穴の部分については，黒が少なくなるため，穴が大きくなる。背景のノイズ部分については，収縮を何度か繰り返すと，最後には消えてしまう。

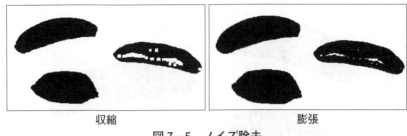

収縮　　　　　　　　　　　膨張

図7-5　ノイズ除去

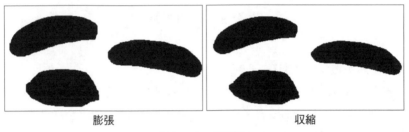

膨張　　　　　　　　　　　収縮

図7-6　穴埋め

　この状態で，同じ回数膨張させるとする。この場合，柿の種やピーナッツの部分は，収縮した分，膨張するので，もとの大きさに戻る。穴の部分は，膨張した分，収縮するので，こちらも，もとの大きさに戻る。しかし，背景のノイズ部分は，一度消えてしまったので，膨張させても復活しない。このため，背景のノイズの部分は消えてしまう。このように，収縮演算をN回繰り返し，その後，膨張演算をN回繰り返す処理は，画像のノイズ除去などに利用することができる。

　一方，穴埋めを行う場合は，膨張演算をN回繰り返し，その後，収縮演算をN回繰り返す。膨張させると，全体的に黒画素部分の大きさは大きくなる。穴の部分は，黒が多くなるため，穴が小さくなる。そして，膨張演算を何度か行うと，どんどん穴の部分が小さくなり，最後

は，穴が消えてしまう（図7-6左）。この状態から，同じ回数収縮させ
ると，柿の種やピーナッツの部分は，膨張した分，収縮するので，もと
の大きさに戻る。しかし，穴の部分は，一度消えてしまったので，収縮
させても復活しない（図7-6右）。このように，膨張演算をＮ回繰り
返し，その後，収縮演算をＮ回繰り返す処理は，画像の穴埋めなどに
利用することができる。

　次に，2値化した画像をラベリングすることを考えよう。ラベリング
とは，連結する黒い部分をつなげていき，1まとまりの領域ごとに分け
てラベルを付けていく処理である。

　ラベリングを行うためのアルゴリズムとしては，例えば，1行ずつラ
ベルを付けていき，それらを連結していくという方法がある。図7-7
のようなハート型を含む領域をラベリングするとして，アルゴリズムを
説明する。

　まず，画像の左上から2値画像を走査し，まだラベル付けがされてい
ない，黒い点を探す。もし，黒い点が見つかり，その8近傍にラベル付
けされた点がない場合，ラベルの数字を1増やしてそのラベルを付与す
る。黒い点が見つかり，その8近傍にラベル付けされた点がある場合
は，8近傍のラベルのうち，最も小さいものをその点でのラベルとす

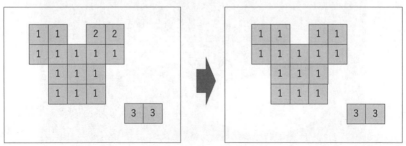

図7-7　ラベリング

る。このような処理を画像の右下の点まで行うと，その結果は，図7-7左側のようになる。しかしながら，本来同じラベルが付かないといけないハート型の部分に複数のラベルが付いている。このため，再び，左上から走査し，もし，2のラベルと1のラベルが隣り合っていれば，2のラベルをすべて1にするといった処理を繰り返す。すると，図7-7右側のように，2つの領域には，ラベル1とラベル3が付与された状態になる。

　図7-8は，図7-6右側のノイズ除去と穴埋めを行った画像をラベリング処理した結果になる。ラベルのidに80をかけたものを明るさとして画像化している。左上の柿の種がラベル1，右上の柿の種がラベル2，左下のピーナッツがラベル3と，ラベル付けされており，この結果を用いることで，それぞれの領域から特徴量を抽出するといった処理を行うことができるようになる。

　それぞれの領域から抽出できる特徴量としては，例えば，面積がある。これは，それぞれのラベルの画素数を数えれば取得することができる。図7-8の例では，左上の柿の種の面積が7531，右上の柿の種が

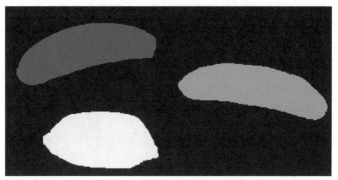

図7-8　ラベリング処理結果

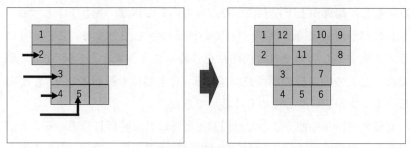

図 7 − 9　輪郭追跡

7495，左下のピーナッツが 7336 となった。

　周囲長も特徴量の 1 つとして利用できる。周囲長については，輪郭追跡を行うことで求めることができる。輪郭の追跡の手順は，図 7 − 9 に示すようになる。まず，左上から背景部分を走査して，最初にぶつかった黒画素を輪郭追跡の開始点とする。次にその左下から，反時計回りに回りながら，黒画素にぶつかる点を探す。そして，現在位置を中心として，黒画素にぶつかった時の方向から輪郭にはならないと分かっている点があれば，それを飛ばした次の点から反時計回りに回りながら黒画素にぶつかる点を探すという処理を繰り返していく。最終的に開始点に戻るので，それまでたどった画素を輪郭とすることができる。

　抽出した輪郭の情報は，例えば，データの符号化に利用することができる。輪郭の情報と，輪郭のどちら側が黒になるかの情報があれば，2 値画像を復元することができる。輪郭の情報を記録する際には，開始点と，そこからどの方向に輪郭が続いていくかの情報のみを保持しておけばよい。輪郭の方向については，左下を 0 として反時計周りに 1, 2, 3 と番号を振っておけば，その値を並べるだけで，輪郭の続いていく方向が分かる。このような輪郭線の符号化方法はチェーンコードと呼ばれる。

　輪郭追跡の結果を用いることで，対象物の周囲長を求めることができ

る。もし，輪郭が上下左右につながっているならば，長さを1とする。もし輪郭が斜め45度でつながっていれば長さを$\sqrt{2}$とする。このようにして1周分足し合わせれば周囲長を求めることができる。図7‐8の例では，左上の柿の種の周囲長が420.6，右上の柿の種が430.9，左下のピーナッツが355.9と求めることができた。

　面積と周囲長を使うことで，円形度と呼ばれる特徴量を求めることができる。円形度は$4\pi \times$（面積）を（周囲長×周囲長）で割ったものとして定義され，円に近いかどうかを表す特徴量になる。円の場合は，面積がπr^2，円周が$2\pi r$となるため，円形度は，円の半径rによらず，最大値である1となる。面積が0である直線等は，円形度は最小値である0になる。

　図7‐8の例では，左上の柿の種の円形度は0.535，右上の柿の種は0.507，左下のピーナッツは0.728と求めることができた。円形度に関しては，柿の種では0.5程度，ピーナッツでは0.7程度になっており，円形度を使うと，柿の種とピーナッツの区別ができる可能性があることが分かる。

　実際に画像からの特徴量の抽出を行うには，例えば，ImageJ などのツールを利用することができる（図7‐10）。ImageJ は，無料で利用できる Java ベースの画像処理ツールで，医学，生物系の分野などで広く利用されている。File メニューの Open で画像ファイルを指定することで，画像を読み込み，表示させることができる。Image メニューの Adjust の Threshold で，閾値を決めて画像を2値化できる。Analyze メニューの Set Measurements で，抽出する特徴量を選択できる。Analyze メニューの Analyze Particles で，それぞれの領域から特徴量の抽出を行うことができる。

図 7 - 10　ImageJ

学習課題

ImageJ を使って，特徴量の抽出を行ってみよう。

8 画像の合成

《**目標＆ポイント**》 画像の合成に関連する項目として，マスク処理，モーフィング等について述べる。また，レイヤ処理についてあわせて述べる。
《**キーワード**》 マスク処理，モーフィング，レイヤ処理

8.1 マスク処理

　複雑な物体の形状に基づいて画像の合成を行いたい場合，マスク画像を用意し，画像中の特定の領域だけを切り出す処理が行われる。例えば，図 8-1 のように，背景画像に物体を重ねようとする場合，物体画像には，一般に，物体以外のものも含まれる。そこで，物体画像と同じ大きさで，物体部分が白，それ以外が黒であるマスク画像を用意する。そして，マスク画像が黒の部分については，背景画像の RGB，マスク画像が白の部分については，物体画像の RGB とした画像を作成する。これにより，複雑な物体の形状に基づいて画像の合成を行うことができる。

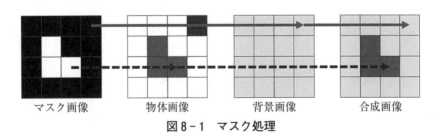

| マスク画像 | 物体画像 | 背景画像 | 合成画像 |

図 8-1　マスク処理

　GIMP を使ってマスク処理を行う場合は，物体領域を白にして，背景領域に対応する部分を，黒く塗りつぶすという処理を行う。具体的には，画像を表示させた状態で，「レイヤー」メニューの「レイヤーマスク」→「レイヤーマスクの追加」を実行する。この時，レイヤーマスクの初期化方法は，「完全不透明（白）」とする。すると，レイヤーウインドウのもとの画像のアイコンの隣に，白いアイコンが表示される。これがマスク画像になる。

　このマスク画像を編集する場合は，レイヤーウインドウのマスク画像のアイコンを一旦クリックしてから，描画色を黒として描画を行う。すると，マスク画像上ではその部分が黒になり，もとの画像では透明を表す格子模様になる。白で描画すると，マスク画像上ではその部分が白になり，もとの画像では，透明部分が消える。

　このようにして抽出した物体領域を別の背景画像に重ねる場合，レイヤーウインドウの物体画像のアイコンを一旦クリックしてから，「編集」メニューの「可視部分のコピー」とする。これにより，物体部分のみがコピーされる。そして，背景画像のウインドウ上で，「編集」メニューの「貼り付け」とすることで物体部分だけをペーストすることができる。

　映像の編集に利用されるクロマキー合成も同様の処理になる。クロマキー合成の場合，青や緑を背景として，人を撮影することで，人の部分のみを抽出し，別の背景へと重ねることができる。

　青や緑の領域を抽出することで，背景部分のみを選択することができ，この背景領域を黒，それ以外の領域を白としたマスク画像を作ることができる。そして，マスク画像の黒の部分は，もとの背景画像のRGB，マスク画像の白の部分である人の部分については，人を撮影した画像の RGB とした画像を作成する。これにより，人の領域を任意の

背景に合成できる。

　透明な部分を含む画像の保存に関しては，GIF などのフォーマットで
は，透明を指定することができる。GIF 画像は，1 バイトの色番号と，
それぞれの色番号に対応する RGB の値などからデータが構成されてい
るが，これらの色の中から透明として扱う色を指定することで透明を扱
うことができる。

8.2　アルファブレンディング／モーフィング

　開始時の画像を 0 枚目，終了時の画像を N 枚目として，それらの間
を徐々につなぐような 1 枚目から，N−1 枚目までの画像を作成する方
法の 1 つとして，アルファブレンディングを利用する方法がある。

　図 8−2 は，アルファブレンディングの例になる。最後の画像では髪
の毛部分が大きくなっており，途中の画像で，髪の毛部分が徐々に現れ
てくることが分かる。最初の画像を image0，最後の画像を imageN，k
枚目の画像を imagek とすると，

　imagek[y][x]=(1−k/N)* image0[y][x]+k/N* imageN[y][x]

のように計算することができる。この時，α=k/N は，透明度を表して
いると考えることができる。

　2 枚の画像間で，色も形も徐々に変えていく場合は，モーフィングと

図 8−2　アルファブレンディング

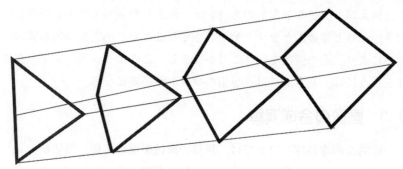

図 8-3　モーフィング

呼ばれる処理が行われる。例えば，図 8-3 は，3 角形が 4 角形に変化
する場合の例を表している。開始時の 3 角形の画像を 0 枚目，終了時の
4 角形の画像を N 枚目として，それらの間を徐々につなぐような 1 枚
目から，N−1 枚目までの画像が作成されている。

　モーフィングを行う場合，対応する点同士を決める必要がある。図 8-3
の例では，3 角形は，3 つの点で構成され，4 角形は 4 つの点で構成さ
れるため，ここでは，3 角形の 1 つの辺の中点を 4 角形の 1 つの点に対
応付けている。

　点の位置については，開始時の座標を (x0, y0)，終了時の座標を (xN,
yN) として，k 枚目の座標 (xk, yk) を求めることが必要になる。xk に
ついては，

$$xk=(1-k/N)^*\ x0+k/N^*\ xN$$

のように計算することができ，yk についても同様の式により計算する
ことができる。色の変化については，アルファブレンディングと同様の
方法で徐々に色を変えることができる。

　顔が別の人の顔に変わるような場合は，処理は複雑になる。ただし，
1 点 1 点すべての対応する点を指定しないといけないというわけではな

く，例えば，小さな3角形のメッシュで構成した顔のモデルを用意しておき，それと顔画像とをマッチングさせることで，小さな3角形領域の変換により，顔の変換を行うことができる。このようなモーフィング処理を行うには，基本的には，専用のソフトが必要になる。

8.3 画像の合成演算

　一般的な画像処理ソフトでは，複数の画像を重ねて扱う機能があり，これはレイヤ機能と呼ばれる。レイヤ機能を用いて，画像同士を合成する場合，画素の演算によって様々な方法で合成を行うことができる。GIMPの場合，レイヤを合成する方法（モード）としては，「標準」や「比較」などがある。

　「標準」の場合，単純に上側の画像が下側の画像の上に重ねられる。デフォルトでは，不透明度が100％であり，下側の画像は見えない。不透明度を小さくすることで上側の画像が半透明になり，下側の画像が透けて見えるようになる。

　「比較（明）」を選んで2枚の画像を合成する場合，上下の画像の対応する画素同士で画素値の比較を行い，大きい方の値を出力する。2枚の画像のより明るい方を出力することに対応する。

　「比較（暗)」を選んで2枚の画像を合成する場合，上下の画像の対応する画素同士で画素値の比較を行い，小さい方の値を出力する。2枚の画像のより暗い方を出力することに対応する。

　もし，プログラムでこれらの処理を行うのであれば，レイヤ合成の「比較（明）」の場合，2枚の画像の (x, y) の画素値を image1[y][x]，image2[y][x] として，新しい画像の画素値を，

　　もし image1[y][x] が image2[y][x] よりも大きいならば image1[y][x]，

　　もし image1[y][x] が image2[y][x] よりも小さいならば image2[y][x]

とする。レイヤ合成の「比較（暗）」の場合は逆になる。

　「加算」を選んで2枚の画像を合成する場合，上下の画像の対応する画素同士の画素値の和を出力する。結果が255を超える場合は画素値を255にする。基本的に画像は明るくなる。

　「差の絶対値」を選んで2枚の画像を合成する場合，2枚の画像の対応する画素同士の画素値の差の絶対値をとり，その値を出力する。2枚の画像の違いを見る場合などに利用される。

　覆い焼きや焼き込みといった合成を行うこともできる。写真を焼く場合，フィルムを部分的に覆ってやると，その部分の光が弱くなるので，黒くならない，すなわち，その部分を明るくすることができる。これは覆い焼きと呼ばれる。一方，一部分に光を余計に当てることで，その部分を暗くすることができる。これは焼き込みと呼ばれる。
GIMPの場合，覆い焼きは，

　256* image1[y][x]/((255−image2[y][x])+1)

のように処理される。image1[y][x]がもとの画像の明るさで，image2[y][x]がマスクとなる画像の明るさになる。一方，焼き込みは，

　255−256*(255−image1[y][x])/(image2[y][x]+1)

のように処理される。

　以上，述べてきた画像の合成方法により，同じ2枚の画像から，多様な画像を作り出すことができる。

　ここで，本章までに述べた知識を使って，写真を漫画のように変換することを考えてみよう。処理の流れは，図8-4のようになる。図8-4(a)は，オリジナルの画像であり，この画像をもとに，第6章で述べた輪郭抽出を行った結果が図8-4(b)になる。この画像では，縦方向と横方向の輪郭を抽出し，階調を反転し，閾値を設定することで，2値化している。また，第5章で述べた，4階調化を行った結果が図8-4(c)にな

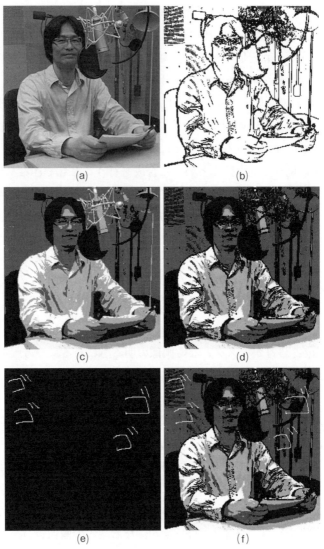

図 8 - 4　画像の合成

る。これらの画像を GIMP のレイヤ合成の「比較（暗）」で合成すると図 8 - 4 (d)のようになる。また，図 8 - 4 (e)のような背景を用意する。これは，第 4 章で述べた描画ツールで描画し，白黒反転したもので，先ほど合成した画像とこの画像をレイヤ合成の「比較（明）」で合成すると図 8 - 4 (f)のようになる。漫画のように，輪郭が線で描かれ，トーンを貼ったような塗りつぶしがあり，漫画に出てくるような文字等が加えられ，もとの写真を漫画のように変換することができていることが分かる。

学習課題

　GIMP を使って画像を合成してみよう。

9 | フーリエ変換

《**目標＆ポイント**》　周波数分析の方法として，フーリエ変換について述べる。あわせて，フーリエ変換を用いた画像処理の例を示す。
《**キーワード**》　周波数分析，フーリエ変換，FFT

9.1　1次元のフーリエ変換

　まず，1次元のフーリエ変換の例として，音声のフーリエ変換を見てみよう。空気の密度の高い部分と低い部分が繰り返し伝搬していく波が音である。音声データを取得する際には，マイクなどを使って，この空気の振動を電気信号へと変換することができる。

　音には，大きさ，高さ，音色という3つの属性があるが，音声を認識する場合を考えてみると，小さな声で「あ」と言っても，大きな声で「あ」と言っても，同じ「あ」であることは変わらない。また，高い声で「あ」と言っても，低い声で「あ」と言っても，同じ「あ」であることは変わらない。このため，「あ」なのか，「う」なのかといった音素の識別は，音声信号から音色の違い，主に波形の違いを抽出することで行うことができると考えられる。

　図9-1に，「あ」と「う」の音声波形を示す。これを見ると，「あ」と「う」の音では，基本となる音の波形が大きく異なっていることが分かる。このような波形の違いを分析することで音素の識別を行うことができる。

(a)　「あ」の波形

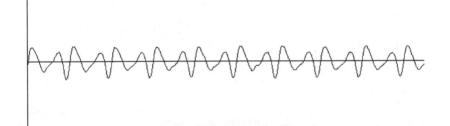

(b)　「う」の波形

図 9 - 1　波形の違い

　ここで，波の合成と分解について見てみよう。図 9 - 2 の左上には，基音として sin(x) の波形が描かれている。また，その下には，2 倍音として sin(2x)，同様に，3 倍音として sin(3x)，4 倍音として sin(4x) の波形が描かれている。これらの波形を重み 1，1/2，1/3，1/4 で足し合わせた場合，図 9 - 2 の右側のような 3 角形の波になる。このような波形は，のこぎりの歯のような波形であることから，のこぎり波と呼ばれる。のこぎり波は，弦楽器に音が近いことから，シンセサイザーで音

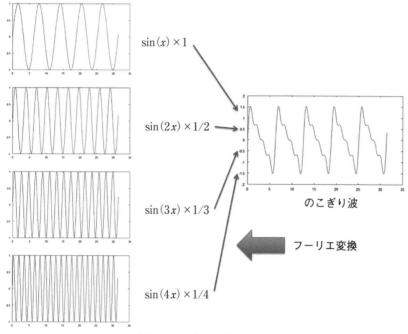

$\sin(x) \times 1$

$\sin(2x) \times 1/2$

$\sin(3x) \times 1/3$

$\sin(4x) \times 1/4$

のこぎり波

フーリエ変換

図9-2　波の合成と分解

を合成する場合のベースとしても利用される。

　周波数分析では，逆に，与えられた信号にどのような周波数の波が含まれているかを分析する。このような周波数分析の手法として，広く利用されるものの1つに，フーリエ変換がある。フーリエ変換は，与えられた信号を三角関数（sin(kx), cos(kx)）の和として表現した場合の，それぞれの成分の強度を求める。フーリエ変換した結果は複素数となるが，その絶対値は，対応する周波数成分の強度となる。これにより，もとの信号が，どれだけの割合で，sin(kx), cos(kx) の成分を含んでいるかを知ることができる。

　離散的な場合のフーリエ変換は，以下のような式で計算を行うことができる。

$$F(u) = \sum_{x=0}^{L-1} f(x) e^{-2\pi i(ux/L)}$$

　f(x) は，もとの信号で，L は，変換する区間の長さになる。i は虚数単位，e は自然対数の底を表す。

　実際に，コンピュータ上でこのようなフーリエ変換の計算をする際には，通常，FFT（Fast Fourier Transform）と呼ばれる計算手法を利用する。FFT では，横軸のデータ数が 2 の n 乗であることを仮定し，高速にフーリエ変換の計算を行うことができる。

　例えば，図9-1(a)の「あ」の波形をフーリエ変換して，それぞれの周波数の強度を求めると，図9-3のようになる。この周波数スペクト

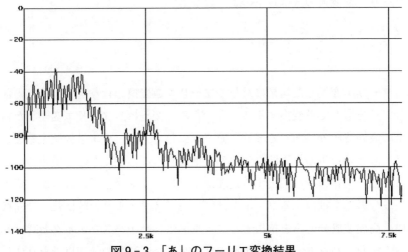

図9-3　「あ」のフーリエ変換結果

ルを見ると，周波数スペクトルには，大きく分けて２つの構造があることが分かる。

　小刻みな振動部分は，声帯の振動によって生成される。声帯の振動数は，ピッチと呼ばれ，この２倍音，３倍音というように，ピッチの整数倍の部分でスペクトルの強度が大きくなる。一方，大きなうねりの部分を見てみると，いくつかの周波数で山や谷になっているのが分かる。山となる部分は，ホルマントと呼ばれ，周波数が低い方から順に第１ホルマント，第２ホルマントと呼ばれる。また，谷となる部分は，アンチホルマントと呼ばれる。ホルマントやアンチホルマントは，声帯から発せられた音が，ある倍音は強調され，ある倍音は抑制されることで生じる。これらの特徴を用いることで，発声された音素を推定することができる。

　音の波形をフーリエ変換すると，その結果は複素数となるが，その結果をフーリエ逆変換すると，もとの音の波形に戻すことができる。フーリエ逆変換の式は以下のようになる。

$$f(x) = \frac{1}{L}\sum_{u=0}^{L-1}F(u)e^{2\pi i(xu/L)}$$

　フーリエ変換した結果に対してフーリエ逆変換を行う場合，特定の部分だけを選んで逆変換することもできる。例えば，フーリエ変換した結果の高周波成分にあたる部分の値を０にして，フーリエ逆変換することで，もとの音声の低周波成分のみを抽出することができる。情報の中から一部の情報のみを抽出する処理はフィルタリングと呼ばれるが，低周波成分のみを抽出するフィルタは，ローパスフィルタと呼ばれる。同様に，高周波成分のみを抽出するフィルタは，ハイパスフィルタと呼ばれる。また，バンドパスフィルタでは，必要な周波数の範囲以外を０にし

てからフーリエ逆変換することで，特定の周波数範囲に対応する成分の
みを抽出することができる。

9.2 2次元のフーリエ変換

次に画像のフーリエ変換を見てみよう。第2章では，JPEG では，主
に，画像の細かな構造の情報を落とすことで画像の圧縮が行われること
を述べたが，画像の大まかな構造を表す低周波成分と，細かな構造を表
す高周波成分を分離するには，フーリエ変換を利用することができる。

画像の場合のフーリエ変換の式は，以下のようになる。f(x, y) は，
もとの画像の輝度値で，L は，変換する画像の縦，横の長さになる。

$$F(u, v) = \sum_{x=0}^{L-1}\sum_{y=0}^{L-1} f(x, y)e^{-2\pi i((ux+vy)/L)}$$

実際に画像のフーリエ変換を行うには，例えば，ImageJ などのツー
ルを利用することができる。ImageJ を用いて FFT を実行すると，図9
-4のようになる。左側がもとの画像で，右側がフーリエ変換した結果
になる。この図で中心に近い部分が低周波成分，外側の部分が高周波成
分になり，明るいほどその強度が強いことを表している。

ここでフーリエ変換を使って画像を処理することを考えてみよう。音
声の場合は，フーリエ変換により，特定の周波数成分のみを抽出するこ
とができたが，これと同様のことを画像でも行うことができる。

図9-5左側は，図9-4のフーリエ変換結果の低周波成分のみを残
し，高周波成分をゼロにしたものである。図9-5右側の画像は，それ
をフーリエ逆変換することで抽出した，もとの画像の低周波成分であ
る。画像の大まかな構造を抽出できていることが分かる。

また，図9-6左側は，図9-4のフーリエ変換結果の高周波成分のみ

図9-4 フーリエ変換結果

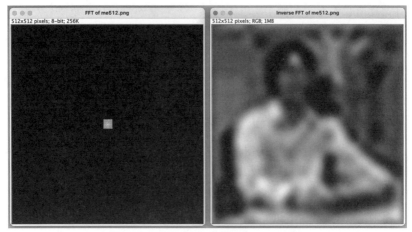

図9-5 画像の低周波成分の抽出

を残し，低周波成分をゼロにしたものである。図9-6右側の画像は，それをフーリエ逆変換することで抽出した，もとの画像の高周波成分である。画像の細かな構造を抽出できていることが分かる。

　画像圧縮の場合は，細かな構造を表すための高周波成分は重要度が低いとして，割り当てる情報量を削減することで画像の圧縮が行われる。JPEGの場合，実際には，DCT（Discrete Cosine Transform，離散コサイン変換）が利用される。DCTの場合，図9-7に示すような基底の和として画像を表現する。左上が低周波成分，右下が高周波成分にあたる。データを圧縮する際は，図の矢印で示すように，左上の低周波成分から順に係数を保存する。そして，あるところで，終端を表すコードを挿入し，それ以降の係数を保存しない。これにより，高周波成分を表現するために必要なデータ量を削減することができる。画像を復元する際は，終端を表すコード以降はすべて0であるとして画像を復元する。

　フーリエ変換は，周期的なノイズの除去にも利用することができる。

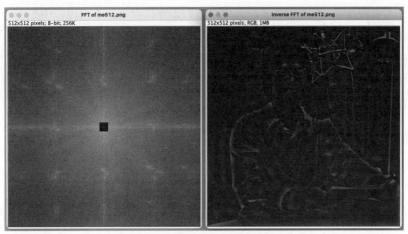

図9-6　画像の高周波成分の抽出

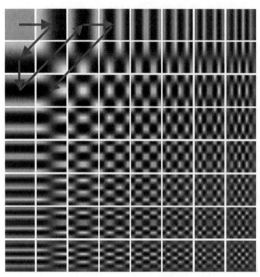

図9-7　DCTの基底

　図9-8左上は，周期的なノイズが乗っている画像であり，これをフーリエ変換すると，図9-8右上の画像のようになる。この図の中心から左右32画素の部分に明るい点があるが，これが周期ノイズに対応する部分になる。図9-8左下が，この部分を0にした画像になる。これをフーリエ逆変換すると，図9-8右下のようになり，おおむね，周期的なノイズが落ちていることが分かる。

　フーリエ変換を用いることで，画像を高周波成分と低周波成分に分離できるが，別々の画像の低周波成分と高周波成分を合体させるとどうなるだろうか。図9-9は，そのような画像の例である。この画像を見ると，多くの人は，「森」に見えるだろう。しかし，この画像を十分遠くに離すとどうなるだろうか。「木」を見て「森」を見ずにならないだろうか。この画像は，「森」と描いた画像の高周波成分と，「木」と描いた

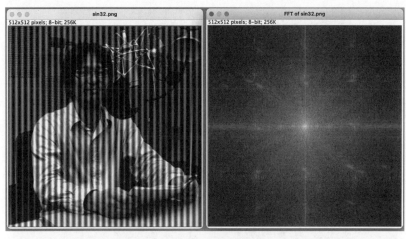

図9-8　周期ノイズの除去

画像の低周波成分を合成したものである。一般に近くで見る場合，人間
の目は高周波成分に注意が向くので，高周波成分で描かれた「森」の方
がよく見える。一方，画像を遠くに離した場合，高周波成分は見にくく
なり，相対的に低周波成分が見えるようになることから，「木」が見え

図9-9 低周波成分と高周波成分の合成

るようになる。これにより，距離の違いにより見え方が違ってくる画像
を作り出すことができる。

学習課題

ImageJ を使って，フーリエ変換を行ってみよう。

10 | 画像検索

《**目標&ポイント**》　画像検索を，検索したい画像のイメージを明確に表現できる場合と，明確に表現できない場合に分類し，それらを実現する方法について概説する。また，検索性能の評価方法についてもあわせて述べる。

《**キーワード**》　画像検索，メタデータ，適合率，再現率

....

10.1　画像検索

　地図やリモートセンシング，医療，バイオメトリックス，電子出版，デザイン，ゲーム，電子商取引など様々な分野で画像が利用されている。このような画像をデータベース化する利点としては，以下のようなものがある。

　一般に，画像は文字に比べてデータ量が大きく，その処理も重くなる。このため，画像を多量に収集し，扱うことは必ずしも容易ではない。こういった多量の画像データを効率的，効果的に管理できることは画像をデータベース化する1つの利点となる。

　また，高精細な画像の形でデータを管理，利用できるようにすることで，オリジナルの資料を直接利用する頻度を減らすことができる。これは，例えば，古い絵画や文書など，貴重なオリジナルの資料を破損や損傷から守ることに役立つ。

　画像データベースを公開することで，幅広い利用者の興味を喚起し，利用の機会を増やすこともできる。また，このようなデータを分析，加

工，編集して，新たな情報を生成することで，その価値をさらに高めることもできる。

　検索対象となる画像は，検索システムに直接登録される場合や，Web上の画像のように，その所在情報のみが検索システムに登録される場合がある。画像検索を実現するためには，まず，対象画像を検索する際の手がかりとなるメタデータの付与が行われる。キーワードとしては，画像内容を説明する文章などを利用することができる。画像の特徴として，対象画像の持つ色などの特徴量も利用することができる。このようなキーワードの付与や特徴量の抽出は，人手により行う方法や，コンピュータによる画像認識技術等により自動的に行う方法がある。

　検索インタフェースでは，利用者はキーワードを入力したり，検索したい例示画像を示すなどして検索意図をシステムに伝える。検索システムでは，利用者の検索意図を汲み取り，キーワードや特徴量との照合を行い，利用者の検索意図に合致すると思われる画像を検索結果として提示する。検索結果は，画像を縮小したサムネイルや，画像の概略を説明する簡単な文章などの形で提示される。その検索結果を見て，利用者は，再び検索キーワードを修正したり，検索結果の正否をシステムに対して示すなどして検索結果の絞り込みを行い，必要と思われる画像を探し出す。

　このような画像検索は，利用者の検索意図に基づき，大きく2つに分類することができる。1つは，検索したい画像のイメージを明確に表現できる場合であり，利用者がこんな画像という検索要求を明示的に与えることができる場合に対応する。もう1つは，検索したい画像のイメージを明確に表現できない場合であり，利用者が検索内容のイメージを表現することが難しい場合や，画像を連想的に検索する場合に対応する。そして，これらの検索では，必要な機能や役割が異なっており，それぞ

れ，様々な手法が提案されている。

10.2　検索したい画像のイメージを明確に表現できる場合

　検索したい画像のイメージを明確に表現できる場合とは，利用者がこんな画像という検索要求を明示的に与えることができる場合であり，ある商標とデザインが似ている商標を探したり，ある俳優が映っている映像を探すといった検索に対応する。このような検索の場合，利用者の検索要求がはっきりしていることから，検索システム側では，検索する画像内容を比較的容易に推定することができる。このため，このような検索では，どのように有効な検索キーを選び出し，利用するかが重要になる。

　ここでは，(1)画像の特徴量に基づく検索，(2)画像内の物体やその配置に基づく検索，(3)画像と他の関連情報を利用した検索の３つに分けて，具体的な検索システムの例を述べる。

（1）　画像の特徴量に基づく検索

　画像の特徴量に基づく検索とは，画像から色，大きさ，形状，テクスチャ（模様の繰り返しのパターン）などの特徴を表す特徴量を抽出し，それらの類似度により検索を実現するものである。

　色に関する特徴量としては，例えば，明るさのヒストグラムや色相のヒストグラムなどを利用することができる。また，画像の部分ごとの色情報も特徴量として利用できる。

　大きさや形状に関する特徴量としては，例えば，面積，周囲長，縦横比，外接する長方形のうちどれぐらい埋められているかを表す充填率，円に近いか細長いかを表す円形度といった特徴量を利用することができ

118

る。円形度は（4×円周率×面積）/（周囲長×周囲長）で定義され，円であれば，円の半径によらず最大値である1となり，面積が0である直線等は，円形度は最小値である0になる。

模様の繰り返しのパターンであるテクスチャがどのようなパターンであるかも画像の特徴量として利用できる。例えば，格子模様を撮影した画像で，格子が小さく格子模様が何度も繰り返し現れるのであれば，空間的な周波数が高い画像といえる。逆に，格子が大きく，繰り返しの回数が少なければ空間周波数は低くなる。また，どの方向に繰り返しパターンが現れるかも特徴量として利用できる。このようなテクスチャ情報の解析には，フーリエ変換や自己相関関数などが利用される。

画像の特徴量に基づく検索システムの例として，商標画像の検索システムであるTRADEMARKがある。TRADEMARKでは，画像特徴としては，濃淡分布や空間的な周波数分布を用いている。また，利用者が感じる主観的な画像間の類似度を抽出するために，サンプル画像集合内の2つの画像がどれぐらい近いかの類似度を被験者に評価させて，利用者の感じる主観的な画像間の類似度を反映させた主観特徴空間を構成する。そして，その空間内での距離が例示画に近い画像を類似画像とする。

QBICは，色やテクスチャ，形状，物体の位置等，様々な特徴量によって画像の検索を行うことができる。例えば，イラスト画や，背景と物体とのコントラストがはっきりしている画像を対象として，その輪郭が類似している画像の検索を行うことができる。また，例えば，黄色が20％，青が10％の画像といった色の割合による検索を実現できる。視覚的に条件の組み合わせを行うインタフェースが用意されており，「背景が赤で，中央に白くて丸い物体」といった複数の属性を組み合わせた検索も行うことができる。

（2）　画像内の物体やその配置に基づく検索

　画像内の物体や配置に基づく検索とは，富士山の上に雲がかかっている画像を探すといったように，画像内の物体や，それらの位置関係の指定に基づき行う検索である。サッカー映像を対象として，ボールやゴールポスト，選手の平均位置等の抽出を行い，コーナーキックシーンやゴールシーンを検出するのも配置による検索の例と考えることができる。

　このような画像内の物体やその配置に基づく検索の問題点は，自動認識により物体の抽出を行うことが，必ずしも容易ではないことが挙げられる。このため，自動認識が完全にうまくいかない場合でも，不完全な認識レベルをも利用して画像検索を行うシステムが提案されている。この検索システムでは，画像中の物体の認識レベルの上昇が状態遷移モデルと呼ばれる形式で表現される。例えば，緑色の大きな領域があればそれに対して「フィールド」のキーワードを付与し，白い縦長の領域があればそれに対して「ゴールポスト」のキーワードを付与する。そして「フィールド」や「ゴールポスト」や「ボール」が同時に存在すれば，「サッカー」という状態に遷移させる。認識は，最上位の認識状態まで行えることが望ましいが，その段階に至らなくても，その物体の認識が中間的な段階である旨のラベル付けを行い，この中間的な認識水準をも検索の際に利用する。例えば，「サッカー」というキーワードで検索を行ったものの，「サッカー」というキーワードが抽出されていなかった場合，システムは「サッカー」を構成する，より低位の概念である「ゴールポスト」や「フィールド」といった状態をも使って検索を実行する。

　また，例えば，「フィールド」上で，「ボール」や「選手」といった物体が，「ゴール」の近くに集まっているような場合には，得点に絡む重要なシーンであるとして検索するといったことも可能になる。

（3）　画像と他の関連情報を利用した検索

　画像と他の関連情報を利用した検索とは，一般には困難である画像の認識，キーワード抽出を補うものとして，他の関連情報を利用しようとするものである。

　画像を管理するリレーショナルデータベースからのキーワードと画像特徴とを用いて画像検索を実現するシステムの例としては，例えば，Chabot がある。リレーショナルデータベースにおいては，画像のタイトル，作成日時等の情報を管理しており，画像特徴としては，データの投入時に色数を限定し，その色ヒストグラムを属性として利用している。これにより，例えば，「1994 年 1 月 1 日以降に撮影されたサンフランシスコ湾近辺のオレンジ色を含む画像」といった検索を実現できる。また，例えば，「日の入り」という概念を，

　・「日の入り」というキーワードが付与されているか

　・赤，黄，紫の色領域が大きな画像

というように，リレーショナルデータベース中の記述や画像特徴を用いてあらかじめ登録しておくことにより，概念による検索も実現できるようになっている。

10.3　検索したい画像のイメージを明確に表現できない場合

　検索したい画像のイメージを明確に表現できない場合とは，利用者が検索内容のイメージを表現することが難しい場合や，画像を連想的に検索する場合に対応する。例えば，雑誌をぱらぱらとめくるように，検索しながら検索イメージを明確化していく。このような検索では，利用者の検索イメージが必ずしも明確ではないことから，検索システム側で利用者の検索イメージをどのように汲み取るかが重要となる。

　FORKS は，報道機関の保有している多岐にわたる静止画を対象とした検索システムとして開発された。キーワードの付与は，画像を登録する際にキーワード入力用のガイド画面が表示され，人手でキーワードを選択して付与していく。このシステムでは，あらかじめ決められたキーワードを利用する統制キーワード方式を採用しており，これらのキーワードの上位語・下位語の関係は体系化した木構造群で管理されている。これにより，例えば，「株主総会」のキーワードが付与されれば，自動的に，「経営」，「経済」といったキーワードも付与される。

　キーワードを用いた連想検索は，付与されたキーワードを用いて，キーワードの重みのベクトルである画像ベクトルを作成し，検索に利用する。画像ベクトルは以下のように定義され，例えば，「株主総会」という最下位語が付与されていれば重み 1 が与えられ，同時に，その上位語である「経営」，「経済」に対しても 1 より小さな重みが与えられる。

$P_n = (w_{n1}, \cdots, w_{nt})$

w_{ni}：キーワードk_iの画像 n に対する重み

t：システムの全キーワード数

　また，画像間の距離は，

$d_{mn} = 1 - P_m \cdot P_n / |P_m||P_n|$

$P_m \cdot P_n$：P_mとP_nの内積

で計算される。連想検索は，この画像間距離を使って，キー画像とデータベース中の全画像との画像間距離を順次計算し，この結果を使って距離の最も小さい画像から順に，連想範囲として指定された件数の画像を選択し表示することにより行われる。この時，検索結果は，連想方向に対応する同義的な画像集合ごとに分類して表示され，利用者は，この連想方向をガイドとして，選択した画像集合の中から新たなキー画像を選び検索を進めていく。

　百科事典の知識をもとに連想的な検索を行うシステムも提案されている。このシステムでは，百科事典の全テキストの頻度解析により，まず，用語の説明文中によく現れる基本単語3700語を選択した。次に，それら基本単語に対して，人名と関係あるか，道具と関係あるか，悲哀と関係あるか等を0,1で表現した266次元の意味ベクトルを人手により付与した。この基本単語の意味ベクトルを重みを付けて足し合わせることで百科事典中の項目の意味ベクトルを求め，最終的に，10万語以上に対して意味ベクトルの付与を行った。

　この百科事典をもとに作成した意味ベクトル辞書を用いて，3万6000件の写真を対象とした画像検索が実現された。検索の際は，利用者が思いついた言葉から，百科事典の知識をもとにした連想を行い，検索結果を順序付けして表示することができる。例えば，「リゾートの家」というキーワードで検索を行った場合，第6位に検索された画像には，「リゾート」という記述は付与されていなかったものの，この画像に記述されている「マリナデルレイ」と「リゾート」の意味ベクトルが類似していることから検索結果として表示された。このように，百科事典の知識を用いることで，ユーザの曖昧な画像指定を可能としている。

10.4　検索性能の評価

　検索性能の指標として代表的なものとしては，適合率と再現率がある。適合率（precision rate）は，（検索されたうちの正解データ数/検索されたデータ数）で求められる。これは，検索結果がどれだけ正確かを表す指標になる。再現率（recall rate）は，（検索されたうちの正解データ数/検索されるべき正解データ数）で求められる。これは，検索されるべきデータのうち，どれだけ検索できたかを表す指標になる。

　例えば，海の画像を検索した結果，50枚が検索結果として示され，

そのうち 20 枚が海の画像だったとする。適合率は，（検索されたうちの正解データ数/検索されたデータ数）であるため，20/50 で 40％と計算できる。また，データベース中に海の画像が 40 枚あったとする。再現率は，（検索されたうちの正解データ数/検索されるべき正解データ数）であるため，20/40 で 50％と計算できる。

　一般に，適合率と再現率はトレードオフの関係があるため，検索性能の評価の際は，適合率と再現率の両方を考慮する必要がある。

学習課題

　検索したい画像のイメージを明確に表現できる場合と，できない場合の例と考えられる検索手法の実現方法や特徴についてまとめてみよう。

11 | 映像データの処理

《**目標&ポイント**》 映像データの取得や編集方法について述べる。また，映像の変わり目（シーンチェンジ）の検出手法や映像要約の方法についてもあわせて述べる。
《**キーワード**》 映像フォーマット，映像編集，シーンチェンジ検出，映像要約

11.1 映像データの取得

映像データをコンピュータに取り込む場合，ビデオカメラや Web カメラ等を利用することができる。ビデオカメラの映像は，デジタル化される以前は，磁気テープ等にアナログ形式で記録されていた。アナログ形式で記録されたビデオ映像は，そのままではコンピュータ上で扱うことができないため，アナログビデオ信号をコンピュータ上で扱えるデジタル情報へと変換する必要があった。このようなアナログからデジタルへの変換は，A/D 変換と呼ばれる。

その後，デジタル化されたビデオの規格として DV 形式が提案された。DV 形式のビデオカメラでは，カメラ内部で撮影した映像をデジタル化し，DV 形式に対応した磁気テープへとビデオデータを記録する。DV カメラでは，アナログビデオ信号を出力できるだけでなく，デジタル化された信号をそのままの形で出力できる DV 端子が付いており，専用のケーブルを用いて，カメラの DV 端子とパソコンの IEEE1394 端子を接続することで，直接，デジタル化されたビデオデータをコンピュ

ータ上に取り込めるようになった。

　その後，ビデオカメラのデジタルデータは，ハードディスクや SD カード等に保存されるようになった。この場合，撮影した映像は，ハードディスクや SD カード上のファイルとして保存されるため，ビデオカメラを USB ケーブルでパソコンにつないだり，ビデオカメラから取り出した SD カードをパソコンにつないだカードリーダに挿してファイルをパソコン上にコピーすることで，映像データをパソコン上に取り込むことができる。

　映像を撮影する場合に注意すべき点の 1 つにデータ量がある。テレビの標準画質相当の映像の場合，画面は，横 640 個×縦 480 個の点から構成される。それぞれの点は，赤（R），緑（G），青（B）の 3 色で構成されており，それぞれの色の明るさは，通常，256 段階，すなわち 1 バイトのデータ量で表現される。よって，1 枚の画像を保存するには，640×480×3 バイト＝約 900 kB の容量が必要になる。テレビ映像は，1 秒間に 30 枚の画像から構成されていることから，1 秒間で約 30 MB，1 時間で約 100 GB の容量が必要になる。横 1920 個×縦 1080 個の点で画面が構成されているハイビジョン映像の場合は，1 時間あたり，約 700 GB となる。これだけ大きなデータをそのまま扱うことは難しいことから，映像データを記録する際には，前後のフレーム画像が類似している等の性質を利用してデータ量の削減が行われる。

　1 秒間の記録に必要なデータ量は，ビットレートと呼ばれる。例えば，ビットレートが 1.5 Mbps（1 秒間の記録に 1.5 M ビット）であれば，1 時間で約 700 MB のデータ量となる。しかし，あまりビットレートを下げると画質が悪くなるという問題もある。よって，撮影時間や，どれだけのデータ量にしたいか，利用にどのぐらいの画質が必要であるか等によって，どのような画像サイズやビットレートで撮影するかを決

める必要がある。一般には，編集作業や映像フォーマット（映像の記録
形式）の変更の際に画質が下がる場合があることから，最終的に利用す
る際に必要となる画質よりも高画質で撮影する場合が多い。

11.2　映像データの編集

　映像をテープで編集する場合には，素材の再生用と録画用の2台のビ
デオデッキを用意し，

1）編集先のテープのコピー先となる部分を頭出しする
2）素材テープ中のコピー元となる部分を頭出しする
3）素材テープの再生を開始し，編集先のテープの録画を開始する
4）コピー元となる部分の再生が終了したら，録画を終了させる

といった手順を繰り返すことで行われる。通常は，編集先のテープのコ
ピー先となる部分は，前の編集で録画された最後の部分となる。すなわ
ち，編集は，テープの頭から順次行われ，編集先のテープで既に録画さ
れた部分は，編集が完了した部分となる。このように，時間軸に沿って
行われる編集はリニア編集と呼ばれる。

　一方，映像データをハードディスク上に取り込み，コンピュータ上で
行われる編集は，ノンリニア編集と呼ばれる。コンピュータ上の編集
は，

1）素材映像ファイル中のコピー元となる部分を選択する
2）選択した映像部分を並べ直す
3）映像フォーマットを指定し，映像を書き出す

といった手順で行われる。

　素材映像ファイル中のコピー元となる部分を選択する方法には，大き
く分けて2つの方法がある（図11-1）。1つは，映像素材中で，コピ
ー元となる部分の開始点と終了点を指定する方法である。映像を再生し

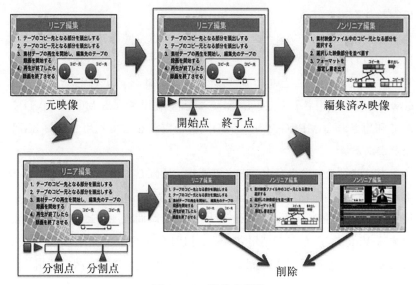

図 11 - 1　映像の編集

ながら，開始点と終了点を，マウスをドラッグするなどして指定する。
もう1つの方法は，必要な部分の開始点や終了点といった映像の切れ目
で映像を分割していく方法である。分割操作により，映像を表すアイコ
ンは複数に分割されていき，不要なアイコンはゴミ箱に捨てて，残った
映像アイコンを編集に利用する。

　映像の編集は，このように選択した映像部分のアイコンを並べ直すこ
とで行われる。ただし，この段階では，編集ソフト上では，どの映像の
どの部分を選び出し，どう並べるかといった情報のみを編集しており，
実際の映像データに直接変更を加えているわけではない。このため，編
集後には，映像データに対して実際に変更を行うレンダリングと呼ばれ
る処理を行う必要がある。レンダリングは，編集中にも明示的に行うこ
とができるが，通常は，編集後にファイルの書き出しを行う場合に同時

に行われる。

　映像の保存形式（フォーマット）に関しては，映像ファイルは，一般に，1つの入れ物の中に映像データや音声データを格納した構造を持ち，この入れ物のことをコンテナと呼ぶ。コンテナとしては，Windowsで広く利用されるAVI，Macで広く利用されるMOV，DVDなどで利用されるMPEG-2システム，携帯電話などで利用される3GPPなどがある。

　一方，映像データや音声データは通常，圧縮して格納されるが，このようなデータの圧縮，伸張方式はコーデック（CODEC）と呼ばれる。例えば，MPEG-1 Videoは，1枚のCDに1時間程度のビデオ映像を記録するVideo CDなどで利用される。MPEG-2 Videoは，DVDなどで利用される。MPEG-4 Visualは，低速な回線などでの映像の利用を想定して開発された。

　MPEGの場合，映像は，Iフレーム，Pフレーム，Bフレームの3種類のフレーム画像で構成される。Iフレームは，キーフレームとも呼ばれ，他のフレームを参照せず，単独で符号化されたフレームである。Pフレームは，時間的に前に存在するフレームをもとに予測されるフレームである。例えば，図11-2のように，人が建物に向かって歩いていく場合を考えてみよう。フレーム1をいくつかのブロックに分割し，それぞれのブロックがどれだけ移動したかを求め，左下のブロックが右にx画素移動し，それ以外のブロックが移動していないことが分かれば，このデータ量が小さい動き情報により，フレーム2を予測することができる。フレーム間の差分などもフレーム予測に利用される。Bフレームは，前後のフレームを参照することで，より高い圧縮率を実現する。Iフレームから次のIフレームまでの間は，GOP（Group Of Picture）と呼ばれ，圧縮や編集の際の単位として利用される。

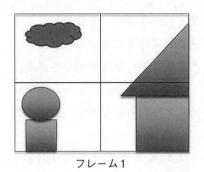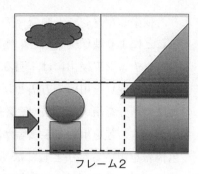

フレーム1　　　　　　　　　フレーム2

図 11-2　動き補償

　映像のフォーマットには，様々なものがあり，映像をどのように利用したいか等を考慮して，どのフォーマットを利用するかを決めることになる。

　実際に映像を編集するには，例えば，Mac の場合，iMovie，Windows の場合，Microsoft Clipchamp といったソフトを利用することができる。また，コマンドラインで映像の編集を行うのであれば，例えば，FFmpeg を利用することができる。

ffmpeg -i test.mov test.mp4

とすることで，mov 形式の映像を mp4 形式に変換できる。

ffmpeg -i test.mp4 -ss 5 -t 10 test2.mp4

とすることで，映像の頭 5 秒の部分から 10 秒間を抽出することができる。

11.3　シーンチェンジの検出

　映像は情報量が大きく，そのまま扱うのは必ずしも容易ではない。このため，映像の変わり目であるシーンチェンジの検出を行い，映像を代表するような画像の検出が行われる場合がある。シーンチェンジ検出により，検出したフレーム画像を映像検索のための手がかりとして利用し

たり，検出したフレーム画像をアイコンとして利用し，それらを並べ替えることにより映像編集などの処理を効率的に行うことができる。

　シーンチェンジ検出には，明るさ，色，動き等の情報が利用される。明るさ（輝度）を用いる方法としては，連続する2枚のフレーム画像間の輝度の差分を用いる手法や，差分の発生面積を用いる手法，輝度のヒストグラムの差を用いる手法等がある。

　色情報を用いる手法としては，フレーム間の RGB の差の絶対値を用いる方法や，RGB を色相，明度，彩度に変換し，色相のヒストグラムの差を用いる手法等がある。

　また，映像中の物体の動きの変化や，カメラをどのように動かしたかを表すカメラパラメータを映像から抽出することでシーンチェンジ検出を行う手法もある。また，映像に付随する音声情報やテキスト情報等をシーンチェンジ検出に利用する手法も提案されている。

　実際にシーンチェンジ検出の例を見てみよう。図 11 - 3 は，シーンチェンジ検出の対象とした 60 秒の映像で，1 秒ごとに抽出した 60 枚のフ

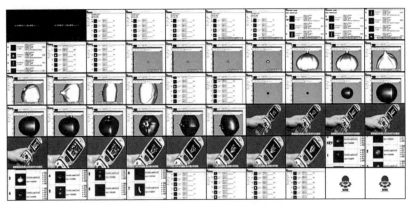

図 11 - 3　シーンチェンジ検出用の素材映像

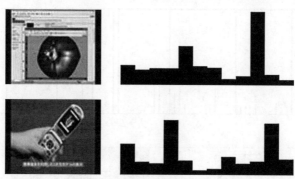

図 11 - 4　色相のヒストグラム

レーム画像を一覧表示したものである。この 60 枚の画像からシーンチェンジ検出を行う。

　ここでは，色相のヒストグラムの差を用いてシーンチェンジ検出を行う。RGB を色相，明度，彩度へ変換し，色相について横軸の分割数が 12 のヒストグラムを作成した例が図 11 - 4 である。横軸は，赤，黄，緑，シアン，青，マゼンタといった色に対応し，縦軸がそれぞれの色の度数を表している。

　色相のヒストグラム間の距離の尺度としては，2 枚の画像のヒストグラムを $h_1(n)$, $h_2(n)$, ヒストグラムの横軸の分割数を N とした場合，カイ二乗検定で使われる式と同様の

$$\sum_{n=1}^{N} \frac{(h_2(n)-h_1(n))^2}{h_1(n)}$$

を計算し，この値が大きいほど画像間の違いが大きいとすることができる。

　この式を用いて，図 11 - 3 の 60 枚の画像を対象として，連続する 2 枚の画像ごとに画像間の距離を求めた結果が図 11 - 5 (a)である。横軸が

132

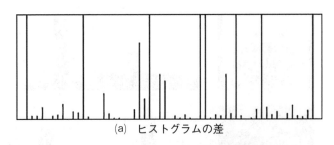
(a) ヒストグラムの差

(b) 検出されたシーンチェンジ

図11-5 シーンチェンジの検出結果

画像の番号，縦軸が画像間の距離に対応する。最初の画像を含めて，9枚の画像について，グラフの表示範囲を超えた大きな値になっている。10番目に大きな値になったのは，25枚目の画像である。この結果により，60枚の画像から10枚のシーンチェンジに対応する画像を検出すると，図11-5(b)のようになる。おおむね正しく，場面の切り替わりを検出できていることが分かる。

このようなシーンチェンジの検出結果は，例えば，映像編集などで利用できる。検出された映像アイコンを使うことで，それぞれの映像がどのような映像であるかを一目で判断することができるとともに，これらのアイコンを再生したい順序に並べ替えることで簡単に映像の編集を行うことができる。また，検出した画像を映像検索のための手がかりとして利用することもできる。

11.4 映像の要約

映像の重要な部分を抽出し，短い時間で映像内容を把握できるように

するために必要となる技術の 1 つとして映像要約がある。

　例えば 2 時間の映画をすべて見るには，そのままでは 2 時間かかる。この映像を短い時間で見る方法の 1 つが早送りをしながら映像を視聴する方法である。2 倍速で映像を再生すれば，1/2 の 1 時間，3 倍速で再生すれば 1/3 の 40 分で映像内容を把握することができる。しかし，再生速度を上げれば上げるほど，映像中の人物の話すスピードが速くなり，話している内容の把握は難しくなる。

　また，再生速度を上げた場合に，発話内容の認識が難しくなる別の要因として，再生速度を上げるにつれて再生される声が高くなるという点がある。再生速度が 2 倍の場合，音声波形が半分の時間で再生されることから，声の周波数は 2 倍になる。これは，声の高さが 1 オクターブ上がることに対応する。逆に，語学学習のヒアリング練習等のため，再生速度を遅くして映像を再生する場合もある。この場合，例えば半分の速度で映像を再生すると，周波数が半分，すなわち 1 オクターブ低い音声が再生される。このため，映像の再生機器や再生ソフトの中には，2 倍速で再生する場合には，1 オクターブ高くなった音声を 1 オクターブ下げ，1/2 倍速で再生する場合には，1 オクターブ下がった音声を 1 オクターブ上げるなどして，再生速度によらず，声の高さを一定にする機能を持ったものもある。

　映像に付随する音声情報をもとに映像を要約する方法もある。例えば，音声は常にあるわけではなく，無音部分も多いことから，このような無音部分を削減することで映像を短くする。具体的には，音声が，ある大きさより小さい部分を無音部分とし，無音部分が連続する部分から優先的に映像を削減していく。また，音声を使った映像要約の別の例としては，野球映像で「カーン」という音がした後，「ワーッ」と歓声が上がった部分は，球を打った重要な場面として要約に用いるといった方

法がある。

　動き情報を映像の要約に利用する方法もある。例えば，動きが少ない映像部分は映像的に変化が少なく，内容的にも類似していると考えられる。このため，動きが少ない部分は重要度が低いとして，画面が大きく変わる動きの大きい部分を抜き出すことで映像を要約する方法が提案されている。一方で，展示会を撮影したような映像の場合，動きが大きい部分は，展示物の間を移動している部分でむしろ重要度が低く，動きが少ない部分は展示物を注視している重要な部分であるとして，動きの少ない部分を抽出することで映像を要約する手法も提案されている。

　映像を 1/10 や 1/20 といった，より短い時間に要約するためには，映像中の重要部分を検出する必要がある。前節で述べたシーンチェンジ検出はこのような映像の要約に用いることもできる。シーンチェンジ検出により，分割された映像の頭や最後の部分を，

　映像要約後の時間/シーンの数

の時間だけ再生することで，任意の時間で映像を要約することができる。

　また，映像の部分ごとに付与されたキーワードや，映像に関連するテキスト情報等を利用することで，より意味内容に踏み込んで映像の要約を行う手法も提案されており，これらの技術は，映像が多量に蓄積されデータベース化される場合に必要となる要素技術の 1 つになる。

学習課題

　パソコン等があれば，実際に，映像の取り込みや編集を行ってみよう。

12 | ドラマ映像の処理

《**目標＆ポイント**》 ドラマ映像は，映像，音声，シナリオ文書といった複数のメディアで構成されている。これらの処理を統合することによるドラマ映像の構造化や検索について述べる。
《**キーワード**》 ドラマ映像，DP マッチング，存在行動マップ

12.1 ドラマ映像の処理

　映像処理の具体例の1つとして，ドラマ映像の処理を考えてみよう。ドラマ映像には，音声やシナリオ文書といった関連メディアが存在する。このため，これらのメディアの処理を統合することで，より高いレベルのデータベース化や利用を実現できる可能性がある。しかしながら，映像，音声，シナリオ文書といったメディアは，必ずしも時間的に同期されていないという問題がある。このため，関連メディアの情報を利用するためには，映像と関連するメディアの同期をいかに行うかが問題となる。

　このような複数メディアの同期処理を行う手法としては，それぞれのメディアから，複数のメディアから参照できるパターンの抽出を行い，それらのパターンを対応付けすることにより，複数メディアの同期を行う手法が提案されている。ここでは，パターンとは，横軸は時間であり，縦軸は，各時間における「台詞のあるなし」や「場面の変わり目」といった，存在の有無や強度を表す系列であるとする。ただし，横軸の

時間とは，必ずしも何時何分何秒といった明示的な時間を表すものではなく，大まかな時間順序を表す場合もある。

　メディアの対応付けに利用できるパターンとしては，様々なものが考えられる。例えば，利用できるパターンの1つとして，台詞のありなしのパターンがある。ドラマ映像は，通常，十分にコントロールされた環境のもとで作成された映像であるため，台詞は明確になるように調整されている。このため，音声レベルが十分高い部分は台詞が話されている部分と考えることができる。

　一方，シナリオ文書は，それぞれの台詞がいつ始まり，いつ終わるかといった時間情報を明示的には持っていないが，台詞中の文字数を利用することで，大まかな台詞の有無のパターンを抽出することができる。具体的には，（台詞中の文字数）×（1文字を話すのに必要な時間）を計算することにより，1つの台詞を話すのに必要な時間を，大まかに推定することができる。

　女性の存在パターンもメディアの同期に利用できる。男性の声と女性の声を比べた場合，一般には，女性の声の方がピッチが高い傾向がある。このため，音声からピッチの抽出を行うことで，大まかに，女性の存在のパターンを抽出することができる。

　一方，シナリオ文書中のそれぞれの台詞の前には，その台詞を話す人物の名前の情報が存在する。このため，この名前の情報を使うことで，シナリオ文書からの女性の存在パターンの抽出を行うことができる。具体的には，先に述べた台詞パターンから，台詞を話した人物の名前が女性である部分のみを抜き出すことにより，シナリオ文書からの女性の存在パターンとすることができる。

　場面の変わり目パターンも複数のメディアから抽出できるパターンの1つになる。映像から場面の変わり目パターンを検出するためには，第

11 章で述べたシーンチェンジの検出手法を利用することができる。すなわち，色相についてヒストグラムを作り，連続する 2 枚の画像の色分布の違いを計算することにより，映像から，場面の変わり目のパターンを抽出することができる。

　一方，シナリオ文書は，警察署のシーン，裁判所のシーンといったように，意味的なまとまりごとに，シーンが分かれている。このシナリオ文書からの場面の変わり目パターンの抽出は，シナリオ文書からの台詞パターンの抽出結果を利用することができる。すなわち，それぞれのシーンの最初の台詞が始まる時に 1，それ以外は 0 のパターンを作ることにより，シナリオ文書から抽出した場面の変わり目パターンとすることができる。

　このようにして抽出したパターン間のマッチングには DP マッチングと呼ばれるアルゴリズムを利用することができる。DP マッチングは，2 つのパターンが与えられた場合，それらのパターンを部分的に伸ばしたり，縮めたりしながら，パターン間の最適なマッチングを求める手法である。

　今，長さが I のパターン A と長さが J のパターン B を対応付けることを考える。横軸 I，縦軸 J の平面を考えて，パターンの頭の部分が一致しているとすると，これは，両方の 1 番目のパターンが一致するということで，座標が (1, 1) の 1 つの点で表現することができる。また，パターンの最後が一致しているとすると，これは，I 番目のパターンと J 番目のパターンが対応しているということで，座標 (I, J) の 1 点で表現することができる。そして，2 つのパターン A,B を部分的に伸ばしたり縮めたりした場合の対応付け結果は，この平面上の (1, 1) と (I, J) を結ぶ経路として表現することができる。

　また，対応付けを行う 2 つのパターン間で，あまり大きく離れた部分

同士が対応しないようにするため，パターン間の局所的な傾斜が，1/2 から 2 になる経路のみをとることを仮定すると，パターン間の距離は，

$$D(i, j) = \min \begin{cases} D(i-2, j-1) + 2d(i-1, j) + d(i, j) \\ D(i-1, j-1) + 2d(i, j) \\ D(i-1, j-2) + 2d(i, j-1) + d(i, j) \end{cases}$$

のような漸化式の形で表現することができる（$D(i, j)$ は，$(1, 1)$ から (i, j) までの最小距離，$d(i, j)$ は，A の i 番目のパターンと B の j 番目のパターン間の距離を表す）。この漸化式を解いて，パターン間の距離の最小値を求めることで，パターン間の最適な対応を求めることができる。

図 12-1 は，ドラマ映像を対象とした映像，音声，シナリオ文書の対応付け結果を示したものである。1 番上のパターンがシナリオ文書から抽出した台詞パターンであり，上から 5 番目のパターンが，音声から抽

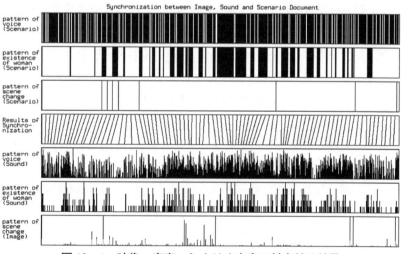

図 12-1　映像，音声，シナリオ文書の対応付け結果

出した台詞パターンになる。上から2番目のパターンがシナリオ文書から抽出した女性の存在パターンであり，上から6番目のパターンが，音声から抽出した女性の存在パターンになる。上から3番目のパターンがシナリオ文書から抽出した場面の変わり目パターンであり，上から7番目のパターンが，映像から抽出した場面の変わり目パターンになる。そして上から4番目の枠には，DP マッチングを用いた映像，音声，シナリオ文書の対応付け結果を示している。このメディア間の対応付け結果を用いることで，シナリオ文書中の人物名や場所といった情報の利用が可能となり，人物名による映像の検索や，場所による映像の検索など，映像のより高度な検索を実現することができる。

12.2　映像編集

　複数メディア間の対応付け結果を用いることで，シナリオ文書の編集により，映像の編集を実現することができる。

　具体的には，図 12-2(a)に示すように，まず，通常のテキストエディタを用いて，台詞や場面ごとの削除や入れ替えといったシナリオ文書の

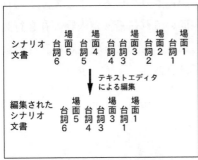

(a)　シナリオ文書の編集　　　　(b)　対応する映像の編集

図 12-2　同期したシナリオによる映像編集

編集を行う。次に、図 12-2(b)に示すように、映像とシナリオ文書の対応付け結果をもとに、編集されたシナリオ文書に対応する映像部分を選び出し、時間軸方向に並べ直すことで、編集された映像を作り出すことができる。

　このようなシナリオ文書を用いた映像編集は、映像に比べ情報量の少ないテキスト情報を用いることで、映像を容易に編集することができる利点がある。また、シナリオ文書という抽象度が高く、かつ、意味内容を反映した記述を利用することで、映像を意味的な内容に立ち入って編集しやすいという利点がある。ただし、メディア間の対応付けは、十分高い精度で行えることが必要になる。

12.3　存在行動マップ

　ドラマ映像の内容を高度に理解し、再利用を行うためには、ドラマ映像中の人物の存在や行動情報を理解することが必要となる。一般に、計算機を用いて、人物やその行動を特定することは、必ずしも容易ではないが、ドラマに付随するシナリオ文書は、シーン名、ト書き、台詞等から構成されており、特に、ト書きの部分は、時間の流れに沿った人物の行動や情景描写に関することが簡潔に記述されている。よって、この部分を計算機により解析することで、時間の流れに沿った人物の存在行動情報を理解することができると考えられる。このような人物の存在行動情報を表すものは存在行動マップと呼ばれる。

　存在行動マップは、
1）シーンの場所
2）シーンの時刻
3）登場人物
4）登場人物の状態

5）動作主の行動

といった記述要素から構成される。

　各登場人物は，それぞれ文ごとに「不在(0)」，「存在(1)」，「行動(2)」，「会話(3)」のいずれかの状態で表され，「行動(2)」の場合は，行っている行動の動詞があわせて記される。

　シナリオ文書の解析は，ト書き文に特有な規則を設定し，それを用いて，シナリオ文書を解析することにより行う。具体的には，ト書き文では，構文形態は，大きく，

(1)　主語＋述語句　例「里見と晴子が帰ってくる。」

(2)　述語句＋主語　例「怪訝に見るエリとユカ。」

(3)　述語句　例「オロオロと落ちつかない。」

(4)　主語＋名詞句　例「片隅の席に安浦がひとり。」

の4種類に分けることができることを利用し，この分類各々に対して，以下の規則により，主語，述語の抽出を行う。

■規則1：(1)，(4)において，主語は，「人名（固有名詞）＋｛「，」「が」「は」「も」｝」もしくは，「物体名（名詞）＋「が」」の形で表される。

■規則2：(2)において，主語は，「人名（固有名詞）＋句点」の形で表される。

■規則3：「人名（固有名詞）」が，格助詞「と」によって連結されている時，最後の「人名」の後ろに，格助詞「が」が続く場合は，それらはすべてその文の主語である。

■規則4：主語が省略されている文において，主語は前文の主語と同一である。

■規則5：主節の主語が省略されている場合，従属節の主語と同一である。

■規則6：(1)，(2)，(3)において，現れる動詞はその文の述語である。

■規則7：(4)においては，述語は「いる」であると見なす。

　次に，以下の規則から，人物の存在情報の推定を行う。

■規則8：「いく」の動詞が出てくる場合，主語となる人物はその時点以後にはその場に存在しない。

■規則9：「くる」の動詞が出てくる場合，主語となる人物はその時点以前にはその場に存在しない。

■規則10：動詞「いく」，「くる」が出てきても，以下のa），b）の場合には前記の規則8，9は適用しない。

a）「いく」の後の場面，あるいは「くる」の前の場面において，「いく」，「くる」の主語の人物が存在することが，ト書き文より明らかな場合。

b）「いく」，「くる」が主語の位置的移動を表さないことが，「いく」，「くる」の前に付く動詞から分かる場合。例えば，「証拠の書類を順に読んでいくと，」など。

　以上，述べた規則を用いてシナリオを解析することで，存在行動マップを作成することができる。そして，存在行動マップを用いた応用例として，例えば，ドラマ映像の検索システムを実現することができる。

　ドラマ映像検索は，

1）時刻，場所，動作主，動作などの検索条件を入力する

2）検索条件に合致するト書き（台詞）を，存在行動マップから検索する

3）検索結果に対応する映像部分を，DPマッチングによるメディア間対応付け結果から求め，それを検索結果として表示する

という手順で行うことができる。

学習課題

　映像の構造化や編集技術として，どのような手法が提案されているか調べてみよう（例えば，特許庁が Web で公開している標準技術集の中の「ノンリニア編集」の項目などが参考になる）。

参考文献

柳沼良知，坂内正夫「DP マッチングを用いたドラマ映像・音声・シナリオ文書の対応付け手法の一提案」電子情報通信学会論文誌，Vol. J79-D-II, No. 5, pp. 747-755, 1996

13 | 講義映像の処理

《**目標＆ポイント**》 Web 上で画像や映像を含めた多量の教育コンテンツを利用できるような環境が整いつつある。このような教育コンテンツの処理の例として，講義映像の構造化や検索について述べる。

《**キーワード**》 講義映像，顔検出，Haar-like 特徴，AdaBoost

13.1 スライドによる講義映像の検索

　大学等において，講義資料や講義映像の配信が広く行われるようになってきた。このような教育コンテンツを利用する場合に必要となる機能の1つとして，検索機能がある。検索のためには，それぞれのコンテンツに対して，検索のためのメタデータが付与されている必要があるが，講義映像を対象とした場合，講義映像とスライドとの同期を行い，講義映像の検索を実現する手法が提案されている。

　例えば，講義映像で使われているスライドが3枚だったとする。そして，映像から1秒ごとに画像を4枚抜き出し，2枚目と3枚目の画像に同じスライドが表示されているとする。ここで，スライドと講義映像中のスライド部分との対応付けを行い，この結果により，スライド2が，2枚目と3枚目の画像に対応していることが分かったとしよう。すると，スライド2は，もとの映像の1秒から3秒に対応していることが分かる。このように，スライドと講義映像の対応付けを行うことで，それぞれのスライドが，もとの映像の，どの時間に対応しているかを知るこ

とができる。

　スライドからは，テキスト情報を抜き出すことで，検索に用いるためのキーワードを得ることができる。例えば，２枚目のスライドから，「教育コンテンツ」や「デジタル化」というキーワードが抽出できたとすると，講義映像とスライドとの同期結果により，このキーワードは，もとの映像の１秒から３秒に対応することが分かる。これにより，スライド中のテキスト情報を使って講義映像を部分的に検索し，必要な部分のみを再生するといったことが可能となる。

　図13-1は，キーワードにより講義映像を検索した画面の例である。

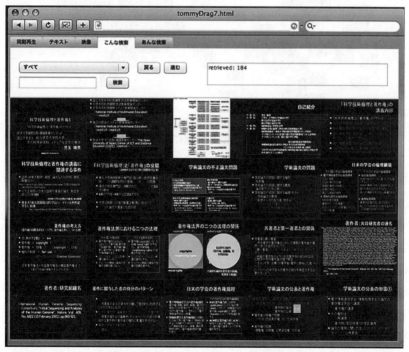

図 13-1　キーワードによる検索画面

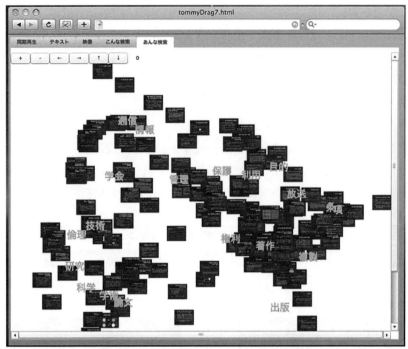

図 13-2　スライド配置による検索画面

検索キーワードを入力し，「検索」ボタンをクリックすることで，画面
下側に検索キーワードを含むスライドが表示される。

　スライドの類似性に基づき，必要な講義映像を探すといったこともで
きる。図 13-2 は，対応分析を用いて，内容が似ているスライドを近く
に配置した例である。手順としては，まず，対象となるスライドに含ま
れるテキスト情報を抽出し，形態素解析により単語ごとに分割する。そ
して，単語ごとに出現頻度を計算し，キーワードの出現頻度のベクトル
を作成する。対象としたスライドからは，出現頻度が高い順に，「権利，
情報，技術，倫理，論文」などのキーワードを抽出できた。これらのキ

ーワードの出現頻度のベクトルをそれぞれのスライドの特徴量として利用し，対応分析を行い，スライドを 2 次元空間上に配置している。

　図 13-2 を見ると，例えば，画面の左中ほどに「倫理」のキーワード，画面左下には，「学術」,「論文」といったキーワードがあり，この部分には，主に学術論文の倫理に関するスライドが配置されていることが分かる。また，画面右側には，「著作」,「条」,「項」のキーワードが配置されており，この部分には，著作権の条項に関して述べているスライドが主に配置されていることが分かる。このように，対応分析を用いることで，内容に従ってキーワードと関連付けながらスライドを配置することができる。そして，これらのスライドを手がかりにして，必要な講義映像を探し出すことができる。

13.2　顔検出による講義映像の構造化

　講義映像は，講師画面や資料画面によって構成されることから，顔検出を行うことで，講師画面と，それ以外の資料画面の分類を行うことができると考えられる。

　顔を検出する最も簡単な方法の 1 つとして，色情報を利用する方法がある。例えば，私自身の顔を考えてみると，顔の領域は全体的に同じような色になっている。また，私の髪の毛の領域を考えると，全体的に黒い色をしている。このような色の情報は，顔を検出する際の手がかりとして利用できる。顔の検出には，まず，顔領域に対応する色の範囲を指定し，その色が含まれる領域を抽出する。その中で，ある程度の大きさがあり，正方形に近ければ顔の候補とする。また，髪の毛に対応する黒い領域を抽出し，その領域が顔の候補領域の上にあれば，それらの領域を顔として検出することができる。

　また，顔検出の手法として広く使われるものの 1 つとして，Haar-

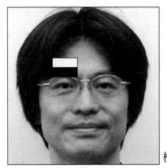

検出窓

図 13 - 3　Haar-like 特徴を用いた顔検出

like 特徴を用いる手法がある（図 13 - 3）。Haar-like 特徴は，単純な白
と黒のパターンを使って特徴量の抽出を行うもので，例えば，横に白黒
が並ぶパターン，上下に白黒が並ぶパターン，黒を白が囲むパターンな
どを，画像に重ね合わせることで，特徴量の抽出を行う。

　具体的な手順としては，まず，処理の対象となる検出窓を設定する。
そして，先ほど述べたような白黒のパターンを画像上に配置し，画像の
黒領域に対応する部分の輝度と，白領域に対応する部分の輝度の差を求
めることで，その値を特徴量として利用する。これにより，1 つの矩形
領域から 1 つの特徴量を抽出することができる。

　もし，パターンの数が 10 あったとすれば，10 個の特徴量を抽出でき
る。また，同じパターンでも，位置を変えることで異なる特徴量を抽出
することができる。例えば，横方向に 10 段階，縦方向に 10 段階，位置
を変えるとすれば，10×10 通りの特徴量を抽出できる。また，大きさ
を変えることで，また違った特徴量の値を得ることができる。例えば，
横方向に 10 段階，縦方向に 10 段階，大きさを変えるとすれば，10×10
通りの特徴量を抽出できることになる。これらを掛け合わせれば，オー
ダーとして，約 10 万通りの特徴量を抽出することができる。

　顔検出を行う場合，このような特徴量を用いて，弱検出器を構成する。弱検出器は，顔の検出などに使えるものの，必ずしも精度は高くない検出器であり，例えば，得られた特徴量がある閾値以上であれば 1，それ未満であれば −1 を返すようにする。

　このような弱検出器を組み合わせて，精度のより高い検出器を構成するための手法の 1 つとして，AdaBoost がある。

　AdaBoost では，まず，データにデフォルトの重みを付ける。そして，検出器ごとのエラーの大きさを計算することで，最も検出性能が高い検出器を選択する。また，その時，その検出器の信頼度もあわせて計算する。次に，その検出器で検出できたデータの重みを小さくし，検出できなかったデータの重みを大きくする。そして，再び，検出器ごとのエラーの大きさを計算し，残りの検出器の中から，最も検出性能が高い検出器を選択するという処理を繰り返す。

　顔を検出する際は，それぞれの検出器の出力に，信頼度を掛けて足し合わせる。そして，その符号がプラスであれば顔，そうでなければ顔ではないと判断する。このような顔検出は，例えば，OpenCV のようなオープンソースのライブラリを用いて行うことができる。

　実際に放送大学の講義映像から抽出した 1200 枚の画像を対象に顔検出を行った場合，適合率は 87.7%，再現率は 93.4% という結果が得られた。適合率が低いのは，ネクタイや背景部分など，講師の顔ではないものを顔と認識したためである。

　ここで，検出した顔領域の位置を見ると，図 13 − 4 のようになる。画面の中央に分布しているものは，画面に講師 1 人がアップで映っている場合の中心位置に対応する。画面の左右から 1/3 の部分に分布しているものは，画面に講師 2 人が映っている場合の中心位置に対応する。講師の顔ではないものの多くは，中央下側に多く位置しているが，これは，

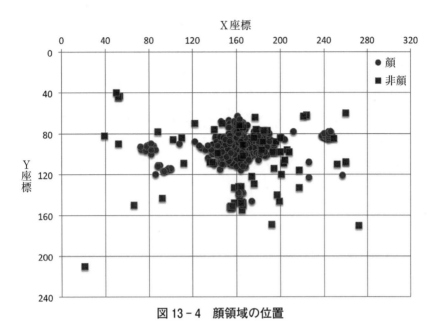

図 13 - 4　顔領域の位置

主に，ネクタイの結び目部分を誤って顔として検出したものである。

　図 13 - 5 は，顔領域の大きさを見たものである。半径が大きい方の山は，画面に講師 1 人がアップで映っている場合の大きさに対応し，半径が小さい方の山は，画面に講師 2 人が映っている場合の大きさに対応する。講師の顔ではないものの大きさを見ると，ほぼ，講師が 2 人いる場合の顔の大きさと重なっていることが分かる。

　ここで，スタジオ内の講師画面は繰り返し現れることから，類似する画像の枚数は多くなることが考えられる。このため，顔領域の位置，大きさ，類似する画像の枚数を特徴量として利用し，顔検出した結果から，講師の顔でない可能性が高いものを除外することで，顔検出の適合率を向上させることを試みた。手法としては，サポートベクトルマシン

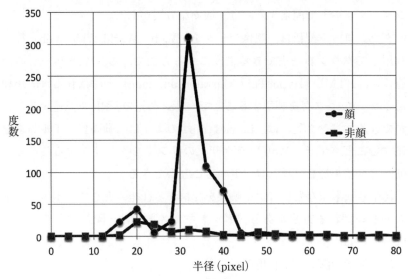

図 13 - 5　顔領域の大きさ

を利用した。その結果，顔検出の再現率は，92.2％と若干低下するものの，適合率は，97.5％と大幅に向上し，再現率，適合率ともに，90％以上にすることができた。また，顔を検出した画面を講師画面，それ以外の画面は資料画面として画面の分類を行った場合の分類精度を，93.8％から96.9％に向上させることができた。

　このような映像からの顔検出は，例えば，プレゼンテーションの際に聴衆の方を向いているかといったプレゼンテーションの評価の自動化や，対面の授業で学生がどれだけ集中して黒板を見ているかといった指標の抽出等にも利用することができる。

13.3　映像配信

　映像を配信する際の配信方式についても見てみよう。映像データをイ

ンターネット上で配信するには，様々な方法がある。

　ダウンロード配信は，映像データを，Web（World Wide Web）等を利用してダウンロードできるようにする方法である。Web ページの記述には，HTML（HyperText Markup Language）と呼ばれる言語が利用され，＜a＞タグを利用することで，リンク先の URL を記述することができる。リンク先には，movie1.mp4 のように，動画ファイル等を記述することもでき，Web ブラウザ上のリンクをクリックすることで，動画ファイル等をダウンロードすることができる。

　携帯音楽端末などに音声や映像を配信する仕組みとして，ポッドキャストと呼ばれる方法がある。ポッドキャストでは，配信するデータに RSS と呼ばれる形式でメタデータが付与される。このようなメタデータは，検索の際などに利用される。

　映像をダウンロードしながら再生する方法としては，プログレッシブダウンロードやストリーミングといった方法がある。

　プログレッシブダウンロードは，Web ブラウザのプラグインの機能などにより，映像のダウンロードを行いながら，それと並行して既にダウンロードした部分の再生を行う方法である。再生する時間よりもダウンロードにかかる時間が短ければ映像を途切れることなく再生することができる。ただし，映像を途中から再生しようとする場合でも，映像データを頭からダウンロードしなければならないという欠点がある。

　一方，ストリーミングでは，映像を短い部分に分割し，分割された映像を，再生するクライアント側に順次送信していく。クライアント側では，受け取った映像部分を再生し，再生し終わったらそのデータを破棄するという処理を繰り返すことで，ダウンロードしながらの映像再生を実現する。ストリーミングを実現するためのプロトコル（通信する際の規約）としては，RTP/RTSP などがある。

　スマートフォンやタブレット端末等への配信に利用される映像配信方式として，HTTP Live Streaming と呼ばれる方法もある。プログレッシブダウンロードのように，通常の Web サーバを用いて映像の配信ができるとともに，ストリーミングのように，映像の途中から再生することができる。映像を配信する際には，例えば，10 秒といった短い時間ごとに映像を分割して Web サーバ上に載せておく。そして，映像の再生順を記述したプレイリストファイルを用意し，それに従って短い映像部分を順次再生していくことで，映像の再生を実現する。

　映像の配信方法には，それぞれ特徴があるため，目的などに応じて映像配信の方法を考える必要がある。

学習課題

　講義映像の検索システムとして，どのようなものがあるか調べてみよう。

14 | 機械学習

《目標&ポイント》 機械学習は，人工知能を支える技術の1つである。機械学習の手法として，k近傍法，線形判別分析，サポートベクトルマシン，ベイズ推定等の手法について述べる。
《キーワード》 人工知能，機械学習，文字認識

14.1 人工知能

　人工知能の歴史について簡単に振り返ってみよう。

　対話を実現する人工知能プログラムの最も古いものの1つにELIZAがある。ELIZAは1960年代に開発され，カウンセリング場面を想定した対話を実現する。ELIZAは，ある文字列のパターンが入力された場合，このように答えるというルールを，プログラムに多数，記述することで対話を実現する。

　このようなルールベースのプログラムを書く場合，条件分岐に利用されるif文を使って，条件と，条件を満たした際の処理をプログラム中に直接，書き込むことができる。しかし，条件を増やしたり，変更しようとした場合，その度にプログラムを書き換えることが必要になる。このため，処理を行うプログラム部分と，条件等を記述する知識ベースを分離することも行われた。

　ルールに基づくシステムのうち，専門家の知識や判断をコンピュータにより実現しようとするシステムは，エキスパートシステムと呼ばれ

る。エキスパートシステムでは，専門家の知識を蓄積するとともに，推論エンジンにより，推論を行うことで，専門家の判断を再現する。

　コンピュータで知能を扱うのであれば，コンピュータが知能を持つか持たないかを，客観的に判断する方法が必要になるが，このような方法の 1 つにチューリングテストがある。例えば，コンピュータが人間と同じように対話できるかを判断する場合，2 台のコンピュータを別の部屋に置いて，それらをネットワークでつなげる。そして，キーボードで文字を打ち込むと相手のディスプレイにその文字が表示され，相手はその文字に対して文字で返答する。ただし，対話している相手は，人間の場合も，コンピュータのプログラムである場合もある。被験者は，このような対話を繰り返し，相手が人であるかコンピュータであるかを判断する。もし，話している相手が実際はコンピュータであるにもかかわらず，人と話していると判断した人が多ければ，チューリングテストに合格したとする。すなわち，そのタスクにおいて，コンピュータが人間と同等であると判断する。

　人工知能を実現するための手法として，機械学習によるアプローチがある。例えば，画像が犬であるか，猫であるか認識する場合，まず，画像から特徴量の抽出を行う。特徴量とは，その画像を特徴付ける数値データであり，例えば，色特徴や，明るさの勾配のパターン等が利用される。そして，これらの特徴量が N 個あったとすれば，それらの数値を並べた N 次元のベクトルで，それぞれの画像を表現する。同じ犬の画像でも，画像によって得られる特徴量が異なることから，N 次元空間中で犬を表す点は複数ある。また，同じ猫の画像でも，画像によって得られる特徴量が異なることから，N 次元空間中で猫を表す点も複数存在する。これらの点を用いて犬であるか，猫であるかを認識する場合，学習データを用いて学習した結果に基づき，入力された特徴ベクトル

が，犬のグループに属するのか，猫のグループに属するのかの分類を行うことになる。

14.2 文字認識

　機械学習の例として，手書き数字を認識することを考えてみよう。図14-1 は，MNIST データベース（http://yann.lecun.com/exdb/mnist/）と呼ばれる手書き数字データの一部であり，この手書き数字の1と2を識別することを例に考える。

　一般に文字認識を行う場合，あらかじめ，1文字1文字を切り抜いたり，文字の大きさを揃えるといった処理が必要になる。このような処理は，前処理と呼ばれる。例えば，大きさや位置を揃えるために，文字を囲む外接長方形を一定の大きさに変換するといった処理が行われる。また，文字の濃い薄いを揃えるために，輝度の平均値や標準偏差を一定に揃えるといった処理が行われる。

　次に，前処理が行われたデータから特徴量の抽出を行う。特徴量とは，それぞれの画像を特徴付ける数値データであり，どういった画像を対象とするか，どのような目的に利用するか等によって，様々な特徴量が提案されている。

　図14-2は，特徴抽出の手法の1つであるゾンデ法を示したものである。ゾンデ法は，主に，英数字の認識に用いられる。ゾンデ法では，基

図14-1　手書き数字のサンプルデータ（MNIST）

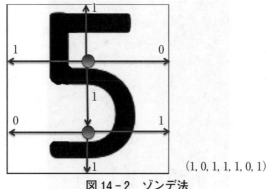

$(1, 0, 1, 1, 1, 0, 1)$

図 14 - 2　ゾンデ法

準となる点を定め，基準となる点から線を伸ばしていき，文字領域と何回交差するかを数えることで，特徴量の抽出を行う。この図では，黒で数字の 5 が描かれているが，上側の基準点から上方向に線を伸ばすと，一度，文字領域と重なるので 1，右方向に線を伸ばすと，文字領域と重ならないので 0，左方向に線を伸ばすと，文字領域と一度重なるので 1，というように，文字と重なる回数を数えていくことで，$(1, 0, 1, 1, 1, 0, 1)$ のように特徴量の抽出を行うことができる。

　射影特徴量も，文字の特徴量として利用することができる。これは，縦方向，横方向の黒画素の数を数え，文字の特徴量として利用するものである。

　また，特徴量として，固有ベクトルを用いる方法がある。この方法について，少し詳しく見てみよう。

　画像の大きさは，N 画素 × N 画素とする。図 14 - 1 に示した，MNIST の場合は，28 画素 × 28 画素となる。ここでは，1 の画像と 2 の画像のみを識別するとして，それぞれ，100 枚ずつの画像を処理対象とする。

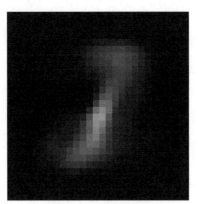

図14-3 平均画像

　具体的な処理としては，まず，すべての画像の平均を求める。この結果は，図14-3のようになる。そして，この平均化した画像からのずれは，それぞれの画像に特有の特徴として利用することができる。

　それぞれの画像から，平均画像を引き，これらの値を左上から順に並べることで，Nの2乗次元のベクトルを得ることができる。今の場合は，28画素×28画素なので，784次元のベクトルデータになる。

　次に，このように抽出した特徴量に対して主成分分析を行う。主成分分析は，なるべく情報を落とさないようにしながら，データの次元数を下げるのに用いられる手法である。実際に計算する際は，対象となるデータから，分散共分散行列と呼ばれる行列を作成し，この行列の固有値と固有ベクトルを求める。このような計算は，例えば，統計解析ソフトRやPythonなどを使って行うことができる。

　固有値は，固有ベクトルの方向の分散の大きさを表す。この固有値が大きい軸を重要な軸として，例えば，上位M個の固有値の和が，固有値全体の一定割合以上になるといった条件で，軸の数を決定する。固有

図 14 - 4　　固有ベクトル

値が小さい軸を省略することで，それぞれの画像は，より次元数が低い
ベクトルとして表現することができる。

　固有ベクトルは，それぞれの固有値に対応するベクトルになる。もと
の画像でいえば，画像を構成する上で重要な成分ということになる。固
有ベクトルを画像化した例が，図 14 - 4 になる。数字の 1 と 2 は，これ
らの画像の重ね合わせで表現できることになる。例えば，ある画像が，
1 つ目の固有ベクトルを 0.4，2 つ目の固有ベクトルを 0.2，3 つ目の固
有ベクトルを 0.1 含むとすると，もとの画像は，(0.4, 0.2, 0.1……)
のように，M 次元のベクトルとして表現することができる。

　この M 次元のベクトルを使って，新しく入力された画像が 1 か 2 か
識別する場合，まず，入力画像と固有ベクトルの内積をとることで，入
力画像を M 次元のベクトルへと変換する。そして，例えば，学習用の
画像の中から，入力画像のベクトルに最も近いものを探す。もし，最も
近い画像が 1 であれば，入力された画像は 1 であると判断し，最も近い
画像が 2 であれば，入力された画像は 2 であると判断することができ
る。

　ここまで述べてきた手法は，文字認識だけでなく，顔認識にも利用す
ることができる。文字認識と同様に，まず，顔画像を平均化するが，こ
のような画像は，平均顔と呼ばれる。そして，平均顔からのずれは，そ
れぞれの個人に特有の特徴として利用することができる。次に，主成分

分析を行い，固有値と固有ベクトルを求める。固有ベクトルは，文字認識の時と同様に画像化して表現することができるが，これは，固有顔と呼ばれる。それぞれの顔画像は，それぞれの固有顔をどのぐらい含んでいるかを計算できるため，それらの値を並べることで，顔画像をベクトルの形で表現できるようになる。

14.3　データの分類

ここで，認識について，もう少し，抽象的に考えてみよう。もし画像から抽出した特徴量がN個あったとすれば，それらの数値を並べたN次元のベクトルで，それぞれの画像を表現することができる。別の言い方をすれば，それぞれの画像は，N次元空間中の点として表現できる。そして，同じ1の画像でも，画像によって得られる特徴量が異なることから，N次元空間中で1を表す点は複数存在する。

入力された画像が1であるか，2であるか認識する場合，最終的には，入力された特徴ベクトルが，1のグループに属するのか，2のグループに属するのかの分類を行うことになる。認識の問題は，抽象的にいえば，データの分類の問題に帰着できるわけである。このようなデータの分類手法には，様々な手法がある。

データの分類を行う，最も簡単な方法の1つとしてk近傍法がある（図14-5）。k近傍法では，入力された点から近い順にk個のデータを選び，その多数決により，どのグループに属するかを決定する。最も簡単なk=1の場合，入力されたデータXに最も近い点は1であるため，Xは，1という文字だと判断される。一方，k=3とした場合，入力されたXに一番近いのは1であるが，2番目に近いのは2，3番目に近いのは2になるため，多数決をとると，Xは，2という文字だと判断される。

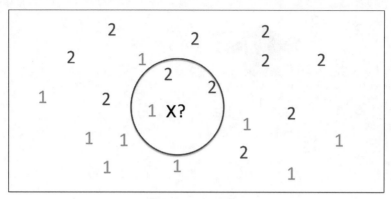

図 14 - 5　k近傍法

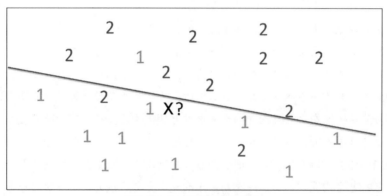

図 14 - 6　線形判別分析

　また，データの分類には，線形判別分析といった方法も利用できる（図14-6）。線形判別分析では，データを直線（一般には平面）で分割し，入力されたデータが，そのどちら側に属するかで，データの分類を行う。この図の直線は，最も1と2を分離できる直線であり，入力されたXは，この直線の下側にある。これは，1が属する側であるため，

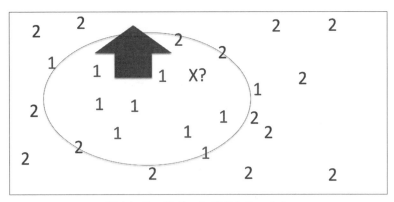

図 14 - 7　サポートベクトルマシン

入力された X は，1 であると判断される。

　より複雑な場合として，図 14 - 7 のように，1 のデータが 2 のデータ
に囲まれているような場合，直線や平面でデータを分割することができ
ない。このような場合に利用される手法としてサポートベクトルマシン
がある。サポートベクトルマシンでは，カーネル関数と呼ばれる関数に
より，データをより高次元のデータへと変換する。そして，その後，デ
ータをうまく分けることができる平面を求め，データの分類を行う。こ
の図の場合，例えば，中央部分を盛り上げるような変換をすることで，
もともと 2 次元だったデータが，1 次元増えて 3 次元のデータになる。
そこで，盛り上がった部分をうまく切るような平面を求めてやれば，1
と 2 をうまく分離できるようになる。

　分類を確率的に行う手法としてベイズ推定を用いる手法もある。ベ
イズ推定は，スパムメール，すなわち，迷惑メールの検出などでも利用
されている。例えば，あらかじめ，A，B，C という単語が通常のメー
ルに出現する確率と，スパムメールに出現する確率を求めておく。そし
て，あるメールで，A という単語は含まれるが，B や C という単語が

含まれていなかったとする。すると，通常のメールでそのような単語の分布になる確率と，スパムメールでそのような単語の分布になる確率が求められる。これらの確率のどちらが高いかによって，そのメールが通常メールであるか，スパムメールであるかの判断を行うことができる。

　データの分類手法として，決定木を利用する方法もある。決定木では，ある特徴量が基準となる閾値より大きいか小さいかでデータを2分割するという処理を再帰的に繰り返していく。この結果は，枝が2分割していく木構造として表現できる。末端の葉の部分には，分類結果のラベルが付与されており，入力されたデータが，どの枝に含まれるかをたどることで，データの分類を行うことができる。

　決定木を応用したものとしてランダムフォレストがある。ランダムフォレストでは，もとのデータから学習用のデータをランダムに選び出し，特徴量の中から学習に利用する特徴量をランダムに選び，決定木を作成するという処理を繰り返し行うことで，多数の決定木を作成する。そして，分類を行う際は，多数の決定木それぞれの分類結果を求め，その多数決により分類結果を決定する。ランダムフォレストは，一般に精度が高く，また，学習データに過度に適応することで一般のデータを対象とした場合に精度が下がる現象である過学習が比較的起きにくいという特徴がある。

学習課題

　機械学習の手法として，どのようなものがあるか答えなさい。

15 | ディープラーニング

《**目標＆ポイント**》　ディープラーニングの基本的な原理について述べる。また，ディープラーニングを用いた画像の処理方法について述べる。
《**キーワード**》　ディープラーニング，CNN，RNN

15.1　ニューラルネットワーク

　ニューラルネットワークは，神経細胞をコンピュータ上でモデル化したものである。神経細胞は，軸索と樹状突起から成り，樹状突起にあるシナプスで他の神経細胞からの神経伝達物質を受け取るが，この時，細胞膜に微小な電位差が生じ，その電位差がある閾値を超えると，別の神経細胞へと信号を伝える。また，信号が繰り返し伝えられると，神経細胞同士の結びつきがより強固となり，また，信号が伝えられないと神経細胞同士の結びつきが，弱くなる。

　これをコンピュータ上で実現したものがニューラルネットワークになる。ニューラルネットワークでは，1つ1つの神経細胞にあたるものはノードと呼ばれる。ノードは複数集まり，1つの層を構成する。ニューラルネットワークは，複数の層により構成され，隣り合う層のノード同士は接続されている。

　まず，ニューラルネットワークのうち，最も単純な単純パーセプトロンを考えてみよう（図15-1）。単純パーセプトロンは，入力層と出力層から成り，入力層はN個のノードで構成され，出力層は1つのノー

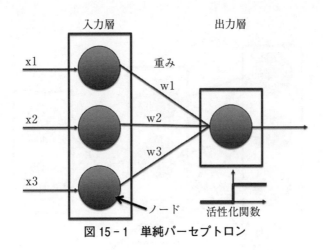

図 15 - 1　単純パーセプトロン

ドで構成される。入力層のＮ個のノードと，出力層の１つのノードは
接続されており，それぞれの接続には重みが設定されている。出力層で
は，入力されたＮ個の値に，対応する重みをかけて足し合わせ，活性
化関数を通して出力が行われる。活性化関数としては，例えば，ステッ
プ関数が利用される。これは，入力された値がある閾値未満であれば
０，閾値以上であれば１を出力する。

　単純パーセプトロンを学習させるには，正例と負例を用意する。例え
ば，Ａという文字とＢという文字の画像が入力されるとして，入力さ
れた文字がＡであるかを判断するのであれば，Ａという文字の画像が
正例，Ｂという文字の画像が負例となる。学習の際は，画像から特徴量
の抽出を行い，正例が入力された場合に出力層の出力が１，負例が入力
された場合に出力層の出力が０に近づくように，重みを少し修正する。
これを繰り返すことで，重みが徐々に適切な値に近づいていく。

　単純パーセプトロンの場合，もし正例と負例が，線形分離，すなわ
ち，直線や平面で分離可能であれば，学習により，正例と負例を分離で

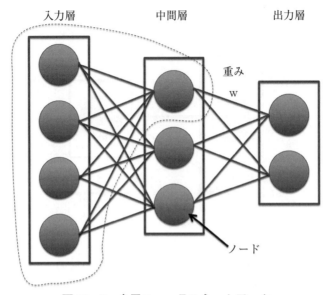

入力層　　　　　中間層　　　　　出力層

重み

w

ノード

図 15-2　多層ニューラルネットワーク

きるようになる。しかし，線形分離できない場合は，学習がいつまでた
っても収束しないといったことが起こる。

　このような問題は，入力層と出力層の間に中間層を置くことで解決す
ることができる（図 15-2）。この図で，点線で囲んだ部分を見ると，
入力層と出力層から構成されており，単純パーセプトロンになってい
る。すなわち，多層化したニューラルネットワークは，複数の単純パー
セプトロンを重ね合わせたような構造になっていることが分かる。

　中間層が加わったニューラルネットワークは，単純パーセプトロンの
出力を組み合わせることで，最終的な出力を行うことになる。これによ
り，2つのグループに分けるという処理を複数組み合わせた処理を行う
ことができるようになり，単純パーセプトロンの線形分離可能な問題し
か解けないという壁を乗り越えることができるようになる。

　このようなニューラルネットワークを用いて，複数の文字を識別することを考えてみよう。ここでは，A，B，Cの3つの文字の画像が入力されるとして，入力された画像がAであるかBであるかCであるかを判断するとする。

　学習の際は，出力層にノードを3つ用意し，Aという文字が入力された場合は出力が（1, 0, 0）になるように，Bという文字が入力された場合は出力が（0, 1, 0）になるように，Cという文字が入力された場合は出力が（0, 0, 1）になるように重みを更新する。

　重みを更新するための方法として，広く利用されるものとして，最急降下法がある。最急降下法を利用する際は，まず，出力層の出力と正解との誤差を表す誤差関数を用意する。誤差関数としては，例えば，自乗誤差などが利用され，この誤差関数が最小になるように重みwを更新していく。具体的には，誤差関数の重みwの勾配を求め，それに，$-\alpha$を掛けた分だけ重みwを更新する。αは，どのぐらいの大きさ，重みを更新するかを決めるパラメータで，αの値が小さいと学習が進むのが遅くなるが，αの値が大きいと重みが振動したり，発散したりする場合がある。このような重みの更新は，出力層から入力層に向かって行うことで効率的に計算することができるが，これは，バックプロパゲーション（誤差逆伝播法）と呼ばれる。

　学習した結果を用いて，入力された画像がAであるかBであるかCであるかを判断するには，例えば，出力層の出力が，（0.7, 0.1, 0.2）であれば，最も値が大きいAであると判断することができる。

15.2　ディープラーニング

　ディープニューラルネットワークは，ニューラルネットワークの中間層の数を増やしたものであり，ディープニューラルネットワークを用い

た学習はディープラーニングと呼ばれる。

　多層のニューラルネットワークの学習は，学習すべきパラメータの数が膨大になるため，必ずしも容易ではなく，学習を効率的に進めるために様々な方法が検討されてきた。

　例えば，最初は，中間層を1層だけにしておいて学習を進め，ある程度学習が進んだところで，中間層を1層追加するという処理を繰り返すことで，徐々に中間層を厚くすることが行われた。

　また，出力層からの出力がもとの入力データを再現するように学習するということも行われた。このようなニューラルネットワークは，オートエンコーダと呼ばれる。入力データを再現するように学習を進めるため，あらかじめデータにラベルを振る必要がなく，多量のデータを学習に利用しやすいという利点がある。このような学習を行うことで，中間層は，入力データに特徴的なものを学習した状態になる。

　また，既に別のデータで学習された結果を利用することも行われる。例えば，画像データを対象とする場合，ImageNet と呼ばれる画像データセットの分類を学習した結果などが公開されている。

　また，活性化関数の工夫も，ニューラルネットワークの学習を効率的に進めることに貢献した。広く利用される活性化関数の例として，例えば，シグモイド関数があるが，この関数は，x の絶対値が大きくなると，傾きが0に近づくという性質がある。傾きが0に近づくということは，重みを変化させる量が小さくなる，すなわち，学習が進みにくくなるということであるため，活性化関数として，x の値が0未満では0，x の値が0以上では常に傾き1の直線を利用することが提案された。このような関数は，ReLU（Rectified Linear Unit）と呼ばれる。

　また，ニューラルネットワークの問題点として，過学習をしやすいという問題がある。過学習とは，学習に用いたデータに対して過度に適応

してしまうということで，学習データに対してはよい結果が出るものの，一般的なデータを用いた場合に，性能が落ちてしまう場合がある。このため，ランダムにいくつかのノードの出力を小さくして学習させるといったことも行われる。これは，Dropout と呼ばれる。

　以上のような様々な工夫とともに，コンピュータの処理速度が向上し，インターネット等を通じて，多量のデータにアクセスしやすくなったことにより，これまで利用することが困難であった多層のニューラルネットワークを利用できるようになった。

15.3　ニューラルネットワークのモデル

　ここで，ニューラルネットワークのモデルについて見てみよう。ニューラルネットワークは，処理をする対象などにより，いくつかのモデルがある。

　CNN（Convolutional Neural Network）は，畳み込みを利用したニューラルネットワークで，画像処理に利用される（図 15 - 3）。畳み込みは，ある関数に，別の関数を重ねて掛け合わせ，足し合わせるという処理であり，第 6 章で述べた空間フィルタリングは，この畳み込み処理にあたる。

　例えば，ある画素の上下左右 1 画素の範囲（全体で 9 画素）の画素値を使って，画素値を計算する場合を考えてみよう。この範囲の画素値に 1/9 を掛けて足し合わせた場合，新しい画素値は，自分を中心とする 9 画素の画素値を平均化したものになる。平均化すると，画素値の変化が小さくなることから，この処理により画像をぼかすことができる。この処理は，画像の低周波成分を抽出する処理ということもできる。

　別の例として，右側 3 つの重みを 1，左側 3 つの重みを −1，その間を 0 とした場合，出力は，画像の右側が白，左側が黒の場合に値が大き

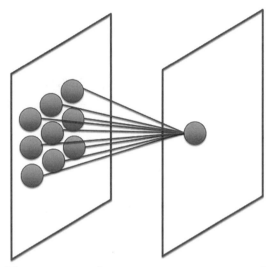

図 15 - 3　CNN（Convolutional Neural Network）

くなる。これは，画像中の縦の輪郭線を抽出していることになる。このように画像に対して畳み込みを行うことで，画像から様々な特徴を抽出することができる。

　実際にニューラルネットワークで画像を扱う場合，しばしば，畳み込み層とプーリング層をいくつか並べ，最後に全結合層を経て最終的な出力を行うといった処理が行われる。プーリング層は，畳み込み層からの出力を縮小する処理を行うもので，例えば，2×2 の領域の最大値を 1×1 の領域の値とする。これにより，微小な位置ずれによる影響などを小さくすることができる。

　従来は，画像認識等を行う場合，このような特徴量が有効だろうと，人が判断して特徴量の抽出を行い，ニューラルネットワークは，主にそれらの特徴量を用いて，識別を行うために利用されていた。一方，CNN を用いたディープニューラルネットワークの場合，出力層に近い

層は，特徴量の識別に利用されるが，入力層に近い層は，エッジ等の特徴量を抽出する役割を果たす。特徴量を選択する部分もニューラルネットワークで行えるようになったということである。

　一方，時間のような順序を持ったデータの処理には，RNN（Recurrent Neural Network）が利用される（図15−4）。RNN は，例えば，音声や自然言語の処理などに利用される。RNN では，時間 T−1 の中間層の出力が，時間 T の中間層に再び入力されるような構造になっている。この構造により，時間 T の処理に，それ以前のデータを反映でき，例えば，ある単語のつながりの後に，どのような単語が来やすいかの推定などを行うことができる。また，例えば，自然言語を扱えることから，CNN と組み合わせて，入力された画像から，その画像の説明文を出力するような場合にも利用される。

　ニューラルネットワークは，新しいものを作り出すために利用することもできる。このような枠組みの１つとして，GAN（Generative Adversarial Networks）がある。GAN は，競合する２つのニューラルネットワークで構成される。１つは，Generator と呼ばれるもので，学習データと類似するデータの生成を行う。もう１つは，Discriminator と呼ばれるもので，学習データと，Generator が生成したデータの識別を行う。もし，Generator が生成したデータが，Discriminator によっ

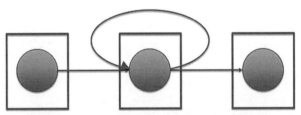

図15−4　RNN（Recurrent Neural Network）

て学習データと区別できなくなれば，Generator が高い精度でデータを生成できていることになる。この枠組みを画像の処理に適用したのが DCGAN（Deep Convolutional Generative Adversarial Networks）であり，例えば，ゴッホが描いたような画像を生成するような場合などに利用される。

　これまで述べてきたようなディープラーニングを実際に行うには，いくつかのツールを利用することができる。例えば，Keras/TensorFlow はディープラーニング等，様々な機械学習に利用できる。また，Pytorch のようなツールも利用できる。いずれも Python 等の言語でプログラムを書くことができる。このようなツールを利用することで，ディープラーニングを利用した研究を比較的容易に行えるようになった。

学習課題
───────────────────────────────

　ニューラルネットワークのモデルとして，どのようなものがあるか答えなさい。

索引

●配列は五十音順

著者紹介

柳沼　良知 (やぎぬま・よしとも)

1988 年	東京大学工学部計数工学科卒業
1990 年	東京大学大学院理学系研究科物理学専攻修士課程修了
	東京大学生産技術研究所助手，大学共同利用機関メディア
	教育開発センター助教授等を経て
現在	放送大学教授，博士（工学）
専門	情報工学／マルチメディア情報処理

放送大学教材　1579410-1-2411（ラジオ）

画像処理

発　行　2024 年 3 月 20 日　第 1 刷

著　者　柳沼良知

発行所　一般財団法人　放送大学教育振興会
　　　　〒 105-0001　東京都港区虎ノ門 1-14-1　郵政福祉琴平ビル
　　　　電話　03（3502）2750

Printed in Japan　ISBN978-4-595-32483-3　C1355